物质极简

怦然心动的人生整理魔法

韦甜甜 著

台海出版社

图书在版编目(CIP)数据

物质极简：怦然心动的人生整理魔法 / 韦甜甜著. —北京：台海出版社，2016.10

ISBN 978-7-5168-0973-0

Ⅰ.①物… Ⅱ.①韦… Ⅲ.①成功心理–通俗读物 Ⅳ.①B848.4-49

中国版本图书馆 CIP 数据核字(2016)第 227841 号

物质极简：怦然心动的人生整理魔法

著　　者：韦甜甜

责任编辑：刘　峰
装帧设计：马小马　　　　版式设计：通联图文
责任校对：吕彩云　　　　责任印制：蔡　旭

出版发行：台海出版社
地　　址：北京市朝阳区劲松南路1号　邮政编码：100021
电　　话：010-64041652(发行，邮购)
传　　真：010-84045799(总编室)
网　　址：www.taimeng.org.cn/thcbs/default.htm
E-mail:thcbs@126.com

经　　销：全国各地新华书店
印　　刷：北京鑫瑞兴印刷有限公司

本书如有破损、缺页、装订错误，请与本社联系调换

开　　本：880mm×1230 mm　　1/32
字　　数：190千字　　　　　　印　　张：9.5
版　　次：2016年10月第1版　　印　　次：2016年10月第1次印刷
书　　号：ISBN 978-7-5168-0973-0

定　　价：36.00元

版权所有　翻印必究

前 言 Preface

2016年，人民日报推出——"极简主义生活方式"。定义为：对自身的再认识，对自由的再定义。

"深入分析自己，首先了解什么对自己最重要，然后用有限的时间和精力，专注地追求，从而获得最大幸福。放弃不能带来效用的物品，控制徒增烦恼的精神活动，简单生活，从而获得最大的精神自由。"

1

人生的种种苦恼，总混杂在我们对物品的执着中。衣柜里塞满了衣服，可换季时仍觉得自己没衣服穿，看过的杂志、用过的旧物，甚至连礼品包装袋也都舍不得扔，还因为或许、可能有一天会用到等冠冕堂皇的理由而不断堆积着……

意识到自己陷入到了过剩的痛苦中，却以为满足了自己就能消解这种痛苦。

现代社会无论是物品、信息，还是人际关系，都处于一种过剩的状态。

无论不足还是过剩，对我们都是无益的。身体的欲望是衣服，而心的欲望却是生活。

与其说，你是在换季添衣，不如说是我们想换心情、换生活。

而心中的欲望和满足感得不到满足，或者欲望过多，生活自然就不会过得轻松和快乐。

2

看看你想得到某样东西的经历吧，可能过程并不会让你很舒服。直到拥有了它，你才感觉好受些。但想想这种好受来自哪里？需求减退了，心情平静了。得到并未带给你愉悦，你的愉悦来自内心的平静。广告和误导的记忆使你产生了对于想要和需要的错误定义，一种无比强大的心理操控导致了欲望的产生。你已经被长期催眠至一种痛苦的境地，总认为自己需要、欠缺，而解药就是眼前这件正出售的物品，因为广告和记忆告诉你："它会减轻你的痛苦。"

其实，如果没有购买那样物品，你并没有损失，仍然会开心。可是，广告和那些不开心的人，也许是你自己，会把"失去很可怕"的想法灌输到你的意识中。突然间，你就会严重地患得患失。这就是摆脱物质的难点所在：你买了一件物品，想让它缓解自己的痛苦，而一旦拥有，你又会感到如果丢掉它，就会增加你的痛苦。但是，这些恐惧只是你的幻想，而实际的行动会比虚无的想象更有益。

3

请将家中超过一年不用的物品丢弃、送人、出售或捐赠。比如看过的杂志、书,不再穿的衣服,早先收到的各种礼物或装饰品。明确自己的欲望和需求,不买不需要的物品。确有必要的物品,买最好的,充分使用它。不囤东西,不用便宜货、次品。用布袋,代替塑料袋和纸袋……

透过物品与自己对话,只留下让你怦然心动的,比起收藏回忆,不如爱惜现在的自己,丢掉杂物,找回人生决断力。整理房间之后,才发现心中真正的渴望,孕育出人生的自信。

本书让你重新审视自己与物品的关系,从关注物品转换为关注自我——我需不需要,一旦开始思考,并致力于将身边所有"不需要、不合适、不舒服"的东西替换为"需要、合适、舒服"的东西,就能让环境变得清爽,也会由此改善心灵环境,从外在到内在,彻底焕然一新。从加法生活转向减法生活。

让我大刀阔斧劈开你固执的世界,对着你当头一棒。随后带着你,勇敢地去告别一些东西吧。

目 录 Contents

01 简·为什么能够实现梦想的人，都特别爱干净？   1

不该拥有的、不需要的，就不要去费心拥有，能简化的就简化，活在自己的小宇宙里，享受自己给自己的自由自在，在简简单单中品味原味的生活。

1. 生活如开水，不烫不凉刚刚好   1
2. 为什么能够实现梦想的人，都特别爱干净？   7
3. 家不是回收站，该清除就清除   10
4. 没有什么逃不掉，也没有什么扔不掉   14
5. 没有什么浪费，它只是去了最该去的地方   19
6. 别让没有生命的东西控制你   22
7. 从前不回头，往后不将就   27

02 理·你衣柜里缺少的不是衣服,而是春光　　　　30

　　　　如果你面对诱惑蠢蠢欲动,但是又发现物品的价钱超出你的承受能力,那么你应该分析"想要"和"需要"之间的差别。

1.身体的欲望是衣服,心的欲望是生活　　　　30
2.得不到的永远在骚动　　　　34
3.物是人非,睹物思人还有何意义?　　　　37
4.名牌若不适合你,还有什么了不起　　　　41
5.为你的衣服找到新的春天　　　　45
6.如果没有购买那件衣服,你仍然会开心　　　　48
7.像珍惜自己一样,珍惜那些筛选过后留下的衣服　　　　52

03 顿·整理好你的针线筐,明天才能够如约而至　　　　55

　　　　十八世纪时有一个贵妇人问当时鼎鼎大名的伊曼纽尔·康德:"康德先生,怎样才能更有效地利用时间呢?"康德回答得很简单:"整理好你的针线筐。"

1.新的一天是在慌乱中开始的吗?　　　　55
2.别让办公环境影响你的工作节奏　　　　59
3.凌乱的办公桌并不代表你正在努力地奔跑　　　　63
4.给你的物品归档,别再花时间来找东西　　　　66
5.花费宝贵的时间找文件,实在是让工作变得很无趣　　　　71
6.你有没有想过,你的电脑也该减肥了　　　　76
7.下班了,也让你的办公桌愉快地下班吧　　　　79

04　删·心不赘物，在繁杂的世界里简单的活　　　　84

　　　你可以享受金钱，尊重并使用它，合理地规划你的花销。没错，你还可以梦想拥有更多的金钱，但你要记住，千万不要为金钱而活。

1.心不赘物，自在逍遥　　　　　　　　　　　　　84
2.人生如糖果，心无所欲皆是般若　　　　　　　89
3.本来无一物，何处惹尘埃　　　　　　　　　　94
4.丢掉熊掌，只追赶一只兔子　　　　　　　　　99
5.宁可笑着放弃，也不哭着拥有　　　　　　　102
6.别总顾着鞋的好看，而弄疼了自己的脚　　　107
7.做金钱的主人，而不是物欲的奴隶　　　　　111

05　断·该做的事没人能替你，想要的笑没人能给你　116

　　　一位著名作家曾说："把希望寄托在别人身上意味着把失望留给自己。"我们不应是别人的附属品，不应该是幸福的寄生者，因为一旦别人远离自己，我们只能接受幸福的远离，一个人主宰不了世界的变化，却可以主宰自己的幸福。

1.你若起舞飞翔，便有清香扑鼻　　　　　　　116
2.在人生剧本里做自己的主角　　　　　　　　121
3.这个世界没有人值得你羡慕　　　　　　　　125
4.不能听命于自己者，注定就要受制于人　　　129

5.你最大的问题是不懂欣赏自己　　　　　　　　133
6.遵循己心,大声说"不"　　　　　　　　　　137

06　梳·奈何桥下的莲花,见证了谁与谁的两世繁华　　142

　　人这一辈子就像是一条河流,在险滩的时候,你遭遇了激流,因此,你便学会了在日后的风雨中如何搏击。成长就是这样一种经历,当蜕变的痛苦渐渐淡去,你拥有了重新去爱的能力,蛹化成蝶的日子也就不期而至了。

1.月有圆缺,缘有聚有散　　　　　　　　　　142
2.你若不疑,情必无恙　　　　　　　　　　　149
3.卑微也换不来尘埃里开出的野花　　　　　　154
4.心若安好,便是晴天　　　　　　　　　　　159
5.有些人,我们终究会错过　　　　　　　　　163
6.爱情向左,天堂往右　　　　　　　　　　　168
7.从此无心爱良夜,任他明月下西楼　　　　　171

07　离·心若没有栖息的地方,到哪里都是流浪　　175

　　抱怨"我怎么这么倒霉",和说着"还好我不是最倒霉的",是截然不同的两类人。

1.每个人都喜欢上帝的微笑　　　　　　　　　175
2.天黑那就请闭眼,好好享受安静的时刻　　　179

3.开心就笑，不开心了就过会儿再笑　　　　　　183
4.美丽来自欣赏，而毁灭来自妒忌　　　　　　189
5.心里装下多少怨，脸上就长多少斑　　　　　　193
6.任何不快乐的时光都是浪费　　　　　　　　　197
7.心就一颗，抵不住一次次的折磨　　　　　　　200
8.没有人会一直幸运，正如没有人会一直倒霉　　203

08　清·时光扑面而来，我们终将释怀　　　　　207

　　昨日是死的，明天却是初生的，是陪伴一具死尸，还是培育一个有灵魂的婴儿，这并不是一道艰难的选择题。

1.错就错了，别让内疚堵塞灵魂　　　　　　　　207
2.痛了就会结疤，没有必要再撒把盐　　　　　　211
3.浅笑安然，让一切伤害了无痕　　　　　　　　214
4.看开了，谁的心中都有一片海　　　　　　　　219
5.别总在冬天里怀念夏天的炙热　　　　　　　　223
6.努力了，结果还那么重要吗？　　　　　　　　225
7.活在当下，静待花开　　　　　　　　　　　　229

09　舍·停下你匆忙的脚步，等一等你的灵魂　　235

　　人们总是在工作时一心想要休息，但真正休息下来时却又想着工作，结果当然是两败俱伤，既没有提高工作效率，又没能充分地休息，使自己更加愉快。
　　如果你也深有同感，那么就请放慢生活的脚步。

1. 累了吗，那就停下来歇歇吧　　　　　　　235
2. 无论多忙也别忘了运动，即便是伸伸懒腰也好　239
3. 停下匆忙的脚步，抬头看看蓝天白云以及星空　242
4. 放弃那些无谓的忙碌　　　　　　　　　246
5. 上帝都可以打盹，为何我们不忙里偷个闲　249
6. 休息，是为了走更长远的路　　　　　　253
7. 拒绝不必要的应酬，吃出健康　　　　　259

10 治·总要低下头，才能寻到自己喜欢的样子　263

自恃孤傲会引来杀身之祸，逞能的结局是自找死路。聪明、智慧、有内涵的人无论何时，通常都会表现得很谦卑。

1. 花开半夏酒要微醺，聪明也要适可而止　　263
2. 冷静冷静，小心成为别人捧杀的对象　　　266
3. 不偏激，以感激之情接受批评　　　　　　271
4. 争论不是辩论赛，你又何必唇枪舌剑　　　276
5. 看破别说破，谁会喜欢伤疤被揭开　　　　280
6. 风度和教养是你的第一张名片　　　　　　283
7. 自负不是自信，夜郎不是你的标签　　　　286

01 简

为什么能够实现梦想的人，都特别爱干净？

不该拥有的、不需要的，就不要去费心拥有，能简化的就简化，活在自己的小宇宙里，享受自己给自己的自由自在，在简简单单中品味原味的生活。

● ● ● ● ● ●

1.生活如开水，不烫不凉刚刚好

很多人很羡慕古人那种简单的生活，没有电视，没有网络，没有游戏，没有那些困扰我们的邮件、短信、电话……试想，这些东西突然从你的生活中消失，你会怎么样？

虽然出生的起点我们没办法选择，但是我们可以做到将诱惑从我们的生活中一点一点地去除掉，过上真正简单的生活。试图简化我们的生活，将不必要的事情舍去，关注真正重要的事情。通过简化，压力减少了，我们便可以专心地去做我们想做的事情，不用担心其他事情。

曾经有这样一个人，很多人把他当疯子：

他赤着脚，胡子拉碴的，半裸着身体，活像个乞丐或疯子。大清早，他随着初升的太阳睁开双眼，搔了搔痒，便在路边忙开了他的"公事"。他在公共喷泉边抹了把脸，向路人讨了一块面包和几颗橄榄，然后蹲在地上大嚼起来，又掬起几捧泉水送入肚中。他没工作在身，也无家可归，是一个逍遥自在的人。人人都认识他，或者都听说过他。他们会问他一些尖刻的问题，而他也尖刻地回答。

他没有房子，甚至连一个茅庐都没有。他认为人们为生活煞费苦心，过于讲究奢华。房子有什么用处？人不需要隐私，自然的行为并不可耻，我们做着同样的事情，没必要把它们隐藏起来。人实在不需要床榻和椅子等诸如此类的家具，动物睡在地上也过着健康的生活。既然大自然没有给我们穿上适当的东西，那我们唯一需要的是一件御寒的衣服，某种躲避风雨的遮蔽，所以他拥有一条毯子，白天披在身上，晚上盖在身上。他睡在一个桶里，他的名字叫第欧根尼。

他的住所不是木材做成的，而是泥土做的贮物桶。这是一个破桶，显然是人们弃之不用的。住这样的地方他并不是第一个，但他确实是第一个自愿这么做的人，这出乎

―― · 01 简:为什么能够实现梦想的人,都特别爱干净? · ――

众人的想法。

第欧根尼不是疯子,他是一个哲学家,通过创作戏剧、诗歌和散文来阐述他的学说。他向那些愿意倾听的人传道。他拥有一批崇拜他的门徒。他言传身教地进行简单明了的教学。"所有的人,都应当自然地生活。"他说,"所谓自然的就是正常的,而不可能是罪恶的或可耻的。抛开那些造作虚伪的习俗;摆脱那些繁文缛节和奢侈享受,只有这样,你才能过自由的生活。富有的人认为他占有宽敞的房子、华贵的衣服,还有马匹、仆人和银行存款。其实并非如此,他依赖它们,他得为这些东西操心,把一生的大部分精力都耗费在这上面。它们支配着他。他是它们的奴隶。为了攫取这些虚假浮华的东西,他们出卖了自己的独立性,这唯一长久的东西。"

眼下亚历山大在科林斯担任他父亲腓力二世所创建的希腊城邦联盟的首脑。他到处受欢迎、受推崇、受奉承,他是一代英雄。他最近被一致推举为远征军司令,准备向那古老、富饶而又腐败的亚洲进军。几乎人人都涌向科林斯,为的是向他祝贺,希望在他座下效忠,甚至只是想看看他。唯独第欧根尼,他身居科林斯,却拒不见这位新君主。亚里士多德教给他的宽容大度是一个真正胸襟宽阔的人才具备的品质,正是怀着这样宽阔的胸襟,亚历山大决心造访第欧根尼。

亚历山大相貌英俊,眼光炯炯有神,一副强健的身躯,披着带金的紫色斗篷,器宇轩昂,胸有成竹,他穿过两边闪开的人群走向"狗窝"。他走近的时候,所有的人都肃然起敬，第欧根尼只是一手支着坐起来。他进入每一个地方，所有的人都向他鞠躬敬礼或欢呼致意，第欧根尼一声不吭。

一阵沉默后，亚历山大先开口致以和蔼的问候。打量着那可怜的破桶，孤单的烂衫以及躺在地上那个粗陋的形象，他说："第欧根尼，我能帮你忙吗？"

"能。"第欧根尼说，"站到一边去，你挡住了阳光。"

一阵惊愕的沉默，慢慢地，亚历山大转过身。那些穿戴优雅的希腊人发出一阵窃笑，马其顿的官兵们判定第欧根尼不值一提，也互相用肘轻推着哄笑起来。亚历山大仍然沉默不语。最后他对着身边的人平静地说："假如我不是亚历山大，我一定做第欧根尼。"

亚历山大最终悟到了生活的真谛，这种简单到不能再简单的生活才是真正的自由。生活的凌乱会导致心灵跟着凌乱，真正的优质生活是不需要太多东西的，多了就成了累赘，费尽心思去拥有的还要费尽心思丢去，在这样的来来回回中，失去了很多应有的快乐。

崇尚简单生活的美国作家丽莎·茵·普兰特说过："当你用一种新的视野观看生活、对待生活时，你会发现许多简单的东西才是最美的，而许多美的东西正是那些最简单的事物。"现在，人们对自然的征服已经渐渐达到顶峰，但是人们却已经很难找到内心的宁静和从容，失去了内心的真实。

虽然越来越多的人开始崇尚极简生活，但是却不知道从何下手。如何将那些诱惑从我们的生活中一点一点去除掉，

── · 01 简:为什么能够实现梦想的人,都特别爱干净? · ──

还原本真生活呢?

首先,简化你的生活环境。

在一个简洁舒适的环境里,你可以更加安心专注于眼前的工作,而不会受到其他外界因素的干扰,这会使你更加高效。

先从书桌开始,将书桌上所有的东西全部移走,拿上抹布,从头到尾彻彻底底地擦洗一遍,然后放上你需要的东西。一支笔,一个日记本,一个台灯,一台电脑,一个盆栽,足矣。把那些杂物,你不怎么用的东西要么丢掉,要么放进仓库,不必觉得可惜,因为这些你本不该拥有。

然后是你的书柜,你的衣柜,你的床,凡是不用的东西都可以归结为"杂物",那么就该让它们从你的世界消失。

此时此刻下定决心不要再让你的东西凌驾于你的生活。把平衡与和谐重新带回你的家庭与人际关系中。为了不再不堪负荷,要学会放下,学着割舍,那么你将拥有更加丰富、充实、有趣且令人满足的生活。

第二,简化你的物质需求。

除了新闻、写实纪录节目,尽可能远离电视机。它是一个偷窃光阴、蚕食生命的无形杀手。许多人不知不觉浪费了许多宝贵时光在这魔匣面前,如果我们临终有机会反省一下,就知道,人生共有十几二十年浪费在了肥皂剧上。

改变你的逛街购物习惯;不是急需品,不要急于马上去买,只把它列在清单上,待到一定数量时一齐去购买,这样会节省许多时间,而且有一些想买的用品,搁置一下后就未必想买了。家中许许多多不切实际的物品，就是在习惯性逛街时购入的，后来就成为家中多余的摆设，甚至成为垃圾处理掉；逛街，成为了许多人满足欲望的最好方式，其实他们并没有真正的购物需要，只是为了满足购买时痛快的占有感罢了。

减少没有实际意义的交际，为的是减少"人情债"——免得浪费时间和金钱。许多虚伪的应酬，实际是谋杀生命的；摆脱应酬，而把时间用在实实在在有需要帮助的人身上。

第三，简化你的饮食。

远离炸鸡块、汉堡等快餐食品，有节制地用餐，不要大吃大喝，做一些清淡、有营养的食品，多食素食。食素并不是痛苦的节制，而是一种清新淡雅的生活方式，不要让你的饭桌上充满吃着激素长大的家禽肉类，让简单清淡而又营养丰富的食物代替它们。还要减少每顿进食的种类，并不是种类越多，营养越丰富，有时候过于丰富的种类反而容易产生反作用。

第四，简化你的心灵。

繁复纷乱的生活使人厌烦、疲惫，像荆棘一样挤压着心灵。

淡化你的欲望，远离物欲的深渊，只要你真正实行这样的生活，你就经历到深刻的解脱感，亲身感受到一种真实的释放；摆脱了许多让人心烦的缠绕。

极简生活的最终目的就是使我们的内心平静，感到简单而幸福。

2.为什么能够实现梦想的人，都特别爱干净？

想一想我们自己，生活是不是如此：衣柜里塞得满满当当，可出门却总是找不到一件合意的，很多换季打折买来的衣服一次也没有穿过；鞋柜更是拥挤不堪，一排排的鞋子摆满玄关，很多却只穿过一两次便搁置一旁；客厅柜子堆满装饰物，茶几上堆满各种书报，碗柜里也摆满了各种东西，平日里基本不用的盘子、杯子、茶托就有很多套，除非遇到特殊场合，很多很贵的盘子都只不过在静静地沉睡，派不上什么用场；家里的壁橱堆满了废旧的纸箱子，盥洗台下面的小柜子里也塞满了各类洗衣剂和除霉剂，更让人郁闷的是，这些东西大多已经过期……

书架上的书报和杂志杂乱无章，好多书只读了开头，总想着有空再读却再也没有拿起；抽屉里各种零碎杂物堆在一起，朋友送的搞怪小玩物，逛街买的小饰品，一次没戴过但总舍不得丢掉的耳环和戒指，一堆堆社交活动收来的名片；茶几上各种各样的杂物摆得密不透风，茶杯都找不到站稳的地方；邮箱里也是满满当当，几十封未读邮件可你根本没想去读；手机里短信总是在提醒内存不足，并非它们有多珍贵，而只是懒得动手删除……

房间很大却总是让人郁闷，卧室杂乱，连床上也凌乱不堪，回到家往床上一躺却始终懒得好好收拾一下；各种各样的杂物堆在房间里，可是一出去还是忍不住去买；朋友很多却没有几个真正知心，应酬一个接一个无聊透顶却想不到如何拒绝；一入办公室就觉得压力重重，突然间心情大变，只想大声地吼吼。抑郁、烦闷、找不到方向，是天天都在困扰自己的问题，天天很忙天天很累却在时光蹉跎后发现自己一无所获……不知从何时开始，我们觉得自己好像背上了重重的包袱，脚步沉重，举步维艰。

这样的生活，怎么不让人憔悴，怎么不需要整理？而物质极简，这种全新的生活智慧如风一般席卷而来，迅速成为时尚和潮流，成为众多人奉为圭臬的生活哲理，并大力推行，全面实践，又有什么稀奇？

想让无处下脚的房间焕然一新，变得干净整洁，想舒舒服服、悠然自得地待在里面，想让自己的生活彻底改变，不再把郁闷、烦恼和压力背在背上。那么，无论如何都要先把那些多余的东西处理掉，让空间通透的同时，也让心情舒展！这才是物质极简之所以迅速流行的真义。

虽然看起来是很简单的收拾整理，但是通过舍弃、精简，我们的房间就会在不知不觉中变得舒爽、干净起来。更重要的是，当我们把多余的杂物处理掉后，我们内在的气质也会随之发生巨大的变化，就连心理上的"封闭、狭隘、忧郁"也都被清除得一干二净。如此一来，不仅身体上、心境上明朗雀跃起来，那些生命疑难也迎刃而解，一度停滞不前的人生更是顺利迎来柳暗花明。舍弃某些东西使我们的房间变得一尘不染，我们的心情也自然而然地愉悦、高扬起来。

── · 01 简:为什么能够实现梦想的人,都特别爱干净？· ──

为什么能够实现梦想的人，都特别爱干净？因为会收拾整理，并且能够果断的抉择，当断的断，当舍的舍，当离的离，这就是"断舍离"的概念，它会不会让你茅塞顿开、焕然一新？每个成功的人都有一个共同点，那就是"透过整理物品，整理了人生"。

一旦形成了整理的观念，就不会把"整理"和"麻烦""讨厌"这样的词联系起来了。因为当你身边没有多余的物品时，自然会有一种神清气爽的舒适感，你要做的就是维持这种感觉，而你也很愿意这么做。如果身边留下的都是自己此时此刻正需要、正适合自己的东西，那身边的东西就全是我们的战友，让我们能有一个愉悦舒畅的好心情。其实整理物品就像整理人生，人生也要恰当地选择和当下的自己相称的东西，将断舍离的概念应用到我们的人生中，我们的人生将会变得更加愉快和轻松！事实上，断舍离整理的不仅仅是物品，还是我们的人生。除了脏乱的房间，更延伸到人生中某种长期滞留而无力自拔的处境。

其实你的人生和你的内心状态是息息相关的，只有把你的内心整理好，你的人生才会开始好转。听起来好像有什么魔法，但其实很合理。"断舍离"的概念不仅教人发掘自己和物品之间的关系，而且更能让人和自己内心的废物说再见，整理人生就像整理物品一样，利用距离自己最近的环境，从根本上整理自己的内心，从而整理自己的人生。

3.家不是回收站,该清除就清除

生活中难免会出现不需要的东西堆积成山的状况,好似无用的物品随意地摆放,舍弃还是保留一直在自己的心里盘旋着。选择舍去,在心里摘掉的不仅仅是一个物件那么简单,好似一种习惯,一个一直习以为常的物件从此在生活中去掉点滴的痕迹,仅仅是适应这件事情,好像也需要些时间,于是,宁可凌乱也不选择的生活在每个人的生命中或多或少地都存在着。要改变这种状况可能需要更大的勇气!俗话说,当断不断,反受其乱。所以人生很多时候需要勇敢地说再见!对周边物品的整理和舍弃,同时也是对心灵深处的种种进行选择,选择的结果是清空环境,清扫心灵,让空间更空旷,也让生活更清爽!

无论是"收纳"物品还是"整理"人生,除了不断贴标签和分类,不断地添置抽屉,其本质可能都是要去"断",或者换句话说,叫作正确的"选择"。

本来就很狭小的空间,塞满了各种物品,生活在这种环境中的压力,简直令人无法承受。杂乱的房间还很容易造成物品的"丢失"。找东西不仅浪费时间,寻找过程中的烦躁也会变成一种沉重的心理压力。想用的东西不见了,又偏偏嫌麻烦,懒得到处找,只好跑去买一件一模一样的回来。堆满杂物的房间各个角落清扫起来都很费事,于是陆陆续续买回

―― · 01 简:为什么能够实现梦想的人,都特别爱干净? · ――

一堆"清洁套装"。不过,这些东西也难逃被乱放后找不到的命运,又或是由于用不惯而被收了起来。于是,我们又开始另一轮"买东西""丢东西"的循环。就这样,家里的东西越来越多,东西多了又不懂得整理,房间必然会显得乱糟糟的。在这样的屋子里生活,身心怎么能得到放松呢?再平和、温存的人,也难免会乱发脾气吧。日子久了,整个人都会变得有气无力,所有追求新鲜事物的激情都会随之荡然无存。这样一来,人生也便失去了乐趣。

其实我们囤积东西到家里的过程是我们的心理疾病逐渐生成的过程,这并不是危言耸听。人的行为可以反映出人的心理状况,东西虽然是物质,可人对物质的态度是可以反映其精神状态的。我们是在忙碌而反复的每一天中渐渐地失了自己心灵的平衡而逐步变得有病了,所以由表及里地看清自己的问题根源是很有必要的。断舍离就是在引领我们由舍弃物品开始,逐层深入,在舍弃物品的过程中也将思想的包袱舍掉。

人生来一无所有,死后也一无所失。但当我们活着时,却总是希望靠抓住一些东西来改善人生,带来快乐,获取成功,得到关注。"抓住"是一种焦虑不安的表现——凭借直觉,其实你知道没有什么会带来永远的快乐,因为没有什么是永存的。你拥有的物品会破损,失去光泽,会丢失或者被偷窃。

设想一下,你在大海中溺水,想要抓着漂过身边的物体浮在水面上。你抓住了一件,但它从你手中滑落了,或者你游向某个物体，但总是抓不到它。你会想，这下完了，你要沉到海底淹死了，于是你放弃了。但是你发现自己并没有下沉，你发现自己能够不借助任何外力而浮在水面上，这种不靠外物、依靠自己的感觉非常舒服。你曾以为自己需要外物的帮助，但是你错了。当惊恐消失，焦虑不见，你会仅仅因为活着而感到由衷的快乐。

这是物质包围之外的自由。你真的不需要任何外物获得幸福，那纯粹是思想迷信。存在，就要自我承受。在生活中，我们播撒美丽，传递爱和快乐，释放兴奋和冒险激情，当你自然拥有了这些，才能最终享受生活，从当下开始享受生活。相反，内心的穷困会驱使你没完没了地索取，心理穷困让你想牢牢抓住物质，但永不满足。你想通过逛街消费、泛泛之交、误入歧途、先发制人来改变穷困，你以为这会令你满意，但结果只会感觉更糟。

请打破物品让人快乐的思想枷锁。仔细想想，你就会发现，事物本身从来不会让人快乐，或者它们只带给你几秒钟的快乐幻觉。基于内心饥饿的填充行为，只会让你对更多外物感到饥饿，我们要遏制这样的生活势头。反过来，当你想做一件事时，你也许觉得胜算渺茫，可只要你开始行动，行动本身的推动力便会催你向前，行动的力量是巨大的，当你的行动拥有强大的指向，它就会突破痛苦和绝望的惯性限制，令你在行动的过程中充实、强大，如同不借助外力而在水中游泳，你不需要外物，你自己的行动和生活感受就能充实你的内心。

—— · 01 简:为什么能够实现梦想的人,都特别爱干净？ · ——

不知道你有没有不再需要但却保留起来的东西？比如十年前买的套装，明明不穿，但就是不想丢掉，一直搁在那儿。尽管"不需要、不适合、不舒服"，却还是会留着，这就是"执着"。要想真正地掌控自己的生活，就要有断舍离的意识，就要断了执念，把那些"不必需、不合适、令人不舒服"的东西统统断绝、舍弃，并切断对它们的眷恋。

张燕是个整理控，只要发现某个物品很久没有使用或不再喜欢，会毫不吝惜地扔掉、捐掉。当她遇见断舍离，发现自己践行的理念得到了系统印证：通过收拾家里的破烂儿，整理内心的破烂儿。

张燕在衣物上有些困扰：想找某件衣服，却怎么也找不到；买了一件喜欢的衣服，回家却发现相似风格的已经有3件，诸如此类。新年时，她决定对自己近乎爆炸的衣橱做一个穷尽式清理。

首先，她把衣物分成包、鞋子、外套、上衣、裤子、裙子、运动衣、家居衣、配饰9大类；接着，在云端笔记本建立分类子文档，为每件物品拍照，并按类别贴入各个文档。全部完成后，张燕对自己的衣橱了然于心：27件外套，37件上衣，14条裤子，15条裙子，6顶帽子，10条围巾，5条腰带，6套睡衣，20双鞋，9个包。

她发现这个冬天不再添置衣物也完全没问题；而"舍掉"的部分被她打包，一部分捐掉，一部分直接拖到楼下垃圾箱。之后，神清气爽。

谨慎地拥有、珍惜地使用、勇敢地舍弃，这是人与物品之间最美好的关系。

戒"断"用不到的物品，停止超出所需分量物品的流动，并从源头上断绝那些多余物品进入我们生活的通道——比如不乱买、不乱拿、更不乱要。通过舍弃的实践，人们将不断重新审视自己与物品的关系，致力于将身边所有"不需要、不适合、不舒服"的东西替换为"需要、适合、舒服"的东西，改善生活面貌。断舍离的意义不单单在于此，它还是一种健康生活方式，一种独特的思考法则。从关注物品转换为关注自我，改变肉眼看得见的世界，从而改善看不见的精神世界，让人从外到内，去审视，去改变。然而，把舍弃确实转变为行为，实属不易，但只要尝试，就有机会。

4.没有什么逃不掉，也没有什么扔不掉

生活中让人断不了、舍不得、离不开的东西实在太多了，它不仅让人生活凌乱，连心情也闷闷不乐。其实，哪有什么扔不掉的东西，只是不想扔。"扔不掉"这句话反映出来的其实是隐藏在自己内心深处"我不想扔了它"的情感。理智上认为"非扔不可"，但内心的情感却无论如何都无法同意这

——·01 简：为什么能够实现梦想的人，都特别爱干净？·——

件事。所谓"扔不掉"，其实就像是脑袋和心在吵架一样。

从前有一户人家的菜园摆着一块大石头。路过的人经常会踢到那块大石头，不是跌倒就是擦伤。

儿子问："爸爸，为什么不把石头挖走？"

爸爸回答："你说那块石头呀？从你爷爷时代，就一直在那里了，它的体积那么大，与其没事无聊挖石头，不如走路小心一点，还可以训练你的反应能力。"

过了几年，这块大石头留到下一代，当时的儿子娶了媳妇，当了爸爸。有一天媳妇气愤地说："孩子他爸，菜园那块大石头，很碍事，改天请人搬走好了。"孩子的爸爸回答说："算了吧！那块大石头很重的，可以搬走的话，在我小时候就搬走了！"

有一天早上，媳妇带着锄头和一桶水，将整桶水倒在大石头的四周。几分钟以后，媳妇用锄头把大石头四周的泥土搅松，就把石头挖起来了。

扔不掉东西的人不外乎三种类型：

一是逃避现实型。这种类型的人太忙了，几乎没时间待在家里，通常他们对家庭有诸多不满，所以找各种各样的事让自己忙起来。加上家里乱七八糟，所以更不想待在家里。慢慢掉入恶性循环。

二是执着过去型。这种类型的人，会把相册、奖杯等全当命根子保管起来。他们太留恋过去的幸福时光，与逃避现实型有相通之处。

三是担忧未来型。这类人囤积了大量的纸巾、洗发水、沐浴露等日用品，快消耗完时会焦虑不安。三种类型中，"担忧未来型"的人最多。

"扔不掉"很奇怪，扔不掉的背后往往带着对某种人或事物的念想，常常会感到可惜，这里的"可惜"有两种——"入口"的可惜与"出口"的可惜。"可惜"本身没什么问题，表现出来的是人们对物品的珍惜之情，却经常被拿出来当成执着的挡箭牌。对于"丢弃"与"可惜"，我们似乎有必要重新再做一番检讨。

"扔不掉"的本质不在于物品本身，而在于我们的内心。我们心中有很多的执念与行为相对抗，我们找了很多理由和借口抵抗我们扔的行为，一遍遍地告诫自己"不要扔"，这些理由包括"那些东西还能用——而其实根本不会再用它""这个东西这么好，丢了好可惜呀——其实东西再好不用本身也是浪费呀""留着吧，也许哪一天就能用得着呢——也许穷尽你这一生，也没有用得着它的一天""这些东西真的好贵的——好贵是指买它的价值，并不是它的实用价值，对于一个无用的东西，再贵又有什么意义""那是我最好的朋友送给我的礼物——朋友贵在知心，而不是贵在你保存着一件什么都代表不了的礼物，留下情谊难道不比留下礼品更好吗""那是重要的纪念品——是正能量的还是负能量的纪念品呢？如果是因为失恋后那个人留下的最后一件物品，那最好还是扔掉吧"。

―― · 01 简:为什么能够实现梦想的人,都特别爱干净？ · ――

　　理由确实很多，但你看看，不是也都有扔的理由吗？所以，这不是理由，只是不想扔的借口。其实没有什么东西是不能扔的，扔还是不扔自己完全可以决定，扔不掉的真正原因其实是不想扔，"扔"与"不扔"，这就是选择与放弃的过程。扔与不扔，全在于我们自己，却说得像是物品做出顽强的抵抗，让我们无法行动似的。扔不掉的原因全在物品，这是以物品为中心的思维模式，我们为什么不换成以自己为中心的思考模式呢？扔掉，是为了让自己的空间更大，心情更清爽，生活更美好，还有什么扔不了的呢？有些物品的确是难以舍弃，可除非是非常难处理的工业废弃物，绝对"扔不了"的物品几乎没有，关键就在于你是否想扔，也就是你内心的抉择。

　　有一个很有名的珠宝商人叫比舍，他有着丰富的航海经验，可以称得上是一位航海家了。一次，比舍带领着五百商人驾着一艘一艘的船入海采宝去了，他们乘风破浪，很快便到达了珠宝产地。等船靠岸后，客商们都十分兴奋地登岸寻宝。那里可真是一个宝地，一眼望去，遍地都是奇珍异宝……大伙儿顾不得太多，像一群饿狼一样，拼命地把珠宝搬运到船上。眼看着耀眼的珠宝将一艘艘船装满，不过，这些客商们似乎一点都没有想要停止的想法，而此时每艘船都在慢慢地向下沉……

　　比舍看到这样的情况，急忙大呼："注意！注意！船上的物品已经运载过重，请大家主动将自己超载的珠宝抛弃，否则会出危险的!"可是这话并未引起客商们的注意,他们没有停止手中的搬运工作,在他们看来,宁可与宝物一起死去,也不愿意丢下一粒珠子。

比舍眼看着船一点一点地向下沉。在这危急的时刻,比舍毅然选择了将自己船上的珠宝投入海里,驾驶着一艘空船跟着那些满载珠宝的船队离开了宝山。

没过多长时间,那些超载的船马上就被海水吞没了。如果不是比舍的船空着,将那五百客商护救出海,恐怕他们的命都没有了。当五百商人平安地站在比舍的船上时,才意识到他们刚才经历了一场生死劫。这时的他们才领悟:珠宝虽然很贵重,但也没有人的命贵重。虽然这些东西充满诱惑,但是在困难即将来临的时候,你必须毅然做出明智的选择,放弃一些身外之物,这样才能让自己脱离危险。

有时候,如果你不放弃眼前的一些既得利益,可能会失去更多更美的风景。在人生的道路上,也有很多我们早已经知道应该扔掉的东西,却总是藏在某个角落里,也许不是扔不掉而是还不想扔掉,或者还在犹豫应该如何抉择。生活有时候往往需要更多抉择的勇气,勇敢地扔掉外在的和心灵深处的杂物,你就会活得越来越快乐。

5.没有什么浪费，它只是去了最该去的地方

为什么很多人在整理的过程中，总是觉得扔不掉呢？这其实是观念在作祟。从小到大，我们所受的教育总是在告诫我们"浪费可耻，节俭光荣"，任何东西务必物尽其用，不到最后一刻绝不能扔掉，因为扔掉就是浪费。"新三年，旧三年，缝缝补补又三年"，杜绝浪费、丢了可惜的观念在我们的脑海中根深蒂固。因而，即便真的是十年也不会用得着的东西，我们也习惯地把它们存储在那里，我们也习惯"不要扔、不要浪费"。"舍不得扔""怪可惜的""扔了太浪费"，这样的观念，让我们对每一件东西都犹豫了再犹豫，思虑了再思虑，清理一遍，还有扔不掉，再清理一遍，还是没法扔，以至于清理来清理去，还是那么多摆在那里，断不了，舍不下，离不了。

其实，这些根本不会用到的物品放在家里，本身就是一种极大的浪费，因为既占用空间，又浪费了宝贵的空间，让空间拥堵，心情也变坏；同时它自己的用处又从来没有被很好地利用和发挥，闲置本身就是一种浪费，这两样浪费加起来，还不如早些处理掉它们，让它们能流通到该去的地方，发挥该发挥的作用，更有意义，而且不浪费。

所以，扔不扔不是因为物品，而是因为观念，因为心态，因为心中固有的那些羁绊和累赘。想要脱离这种处境，

我们就必须学会抛弃"舍不得""丢掉了可惜"和"浪费"的旧观念。这样更能得到身心的轻盈，更能轻装前行。

人生就该是多姿多彩的。呼吸新鲜的空气，倾听内心的声音，洗净俗世的牵绊。心空了，美好的事物才能进来。你会发现心灵深处蕴藏了喜悦、希望、乐观、能量、坚毅等那么多好的元素。

"还能用呢，如果丢了多可惜啊！""乱扔东西是最大的浪费。""浪费就是犯罪！"是的，这是我们心里的观念，我们追求低碳，追求节俭，拒绝浪费。但是，虽然"还能用"却"从来不用"，这才是最大的浪费，为什么不能扔掉这些原本"能用"却"从来不用"的东西，让它们到最适合的地方，真正"用起来"呢？要知道，你扔掉的东西并不是全部成了废品，毫无价值，而是换了一种形式，换了一个地方，换了一个方法，把它们的价值发挥到了最大。

因为扔掉可惜所以把那些不再用得着的东西存放起来，难免把自己原本宽松舒适的空间慢慢地侵蚀、吞灭。不幸的是，房间乱得一塌糊涂后，整个人也跟着坐立不安起来，这是何苦呢？"可惜"的正确用法，应该是为遏止取得毫无用处的东西，而不是针对禁止丢弃东西。

几乎每一个人都能从对人生各阶段的回忆中，发现难忘的事情，这些记忆有着非凡的价值。很多人后悔因为东西过多而没有好好整理记忆。回忆的价值并不蕴藏在纪念物品中，即使纪念物品本身具有一定的价值。东西本身泯灭了，它承载的某些回忆却永远不会磨灭。我们会通过自己的意识形式

―― · 01 简：为什么能够实现梦想的人，都特别爱干净？ · ――

把回忆深深地刻在心里，刻在灵魂上，在必要的时候以必要的形式展现出来。而且我们的房间，不是用来储藏回忆或他人的情谊的地方，而是让自己身心愉悦、生活舒适的私人空间。所以，没有什么舍不得的，情谊留在心中，物品原该舍弃。

舍不得抛弃东西的人往往是恋旧的人，而恋旧的人，是敏感的、细腻的、柔情的、可爱的，却也是软弱的。为什么这样说？先从"人的欲望"谈起吧。人为什么会有欲望？因为需求。一定是先有了需求，然后才有了满足需求的欲望。心理学上有一个"动机理论"，认为人的行为本质是需求。需求，即是主体意识到自己对某种状态的缺乏。这种缺乏是静止的，当诱因出现时，就会被激活，从而产生动机。动机，就是主体出于"需求"，为了摆脱自身的"缺乏状态"而产生的一种内驱力。需求激发动机，便产生了"行为"。而"拥有"便是一种填补了"缺乏"的"行为"。简而言之，你缺乏什么，便会需要什么；需要什么，便想拥有什么。

那"恋旧"的需求是什么？其实是"信心"。正因为缺乏信心，我们才想留住每一件物品。因为不知道什么时候，它就能派上用场。正因为缺乏信心，我们才想留住朋友的礼物，留下过往的纪念物。因为我们认为，这段友情珍贵而稀少，一旦放弃就再也不会拥有了。而未来的日子充满未知，唯一能与之对抗的只有回忆。这个世界如此庞大，在它面前，人永远渺小得不值一提。正因如此，隐藏在黑暗里的"未知"才让我们恐惧。而面对"未知"，唯一的对抗方法就是紧紧抓住我们仅有的"已知"，亦即"回忆"。

人也好，物也好，生活也好，都是如此。如果你打心眼里热爱每一天，觉得每一天都十分精彩、十分充实、十分有意思，你还会"恋旧"吗？大概不会了。你会觉得，"过去"的存在，很多时候，其实是一种累赘。当生活本身变得不再可怕，你又何须再紧紧抓住，那些令你感到充实和安全的东西呢？

该扔的就要果敢地扔掉，没有什么浪费，它只是去了最该去的地方；该放下的就要坚决地放下，没有什么可惜的，这只是在为自己的人生搬掉阻碍；该了断的早些了断，没有什么舍不得，只有轻盈的身心才能活出更精彩的自己。

6.别让没有生命的东西控制你

人们为了追求幸福，享受快乐，都在盲目地"累积"一些东西，所以不能用的各种物品塞满住所的有限空间。其实，真正幸福的生活并不是物品累积得越多越好，累积的结果必然导致物资过剩而成为生活和精神上的负担，生活缺少了一种活力，所以我们需要及时地处理身边多余物品，最好是学习断舍离这种新的收纳整理术。

第一，准备多个箱子或是大袋子，然后把家中没用的物品或者书籍，按照"留下""捐献""再利用""扔掉"分好类,并对抽屉、书架、一直无人问津的箱子中的物品逐一进行"排查"。不要奢求自己可以一口气把所有东西都收拾好。可以先制订一个类似"两周整理好一个地方"这种符合现实的目标,慢慢实行,养成习惯之后再整理就会容易很多。这种情况下,那些箱子或袋子可能会有些碍眼。不过不要紧,只要你用一块大布把它们蒙起来就好了。此外,千万要注意不要将已经分好类的东西再次弄乱。所有的整理、分类的工作结束后,进行最终处理。参考这些解决方法,从你最介意的地方开始处理,并要保证处理后东西不会再增加。

第二,收拾衣柜。对女性来说,衣柜永远是物品最多最难处理的部分。整理的过程我们可以处理掉那些不穿的衣服,让你的衣服也能像时装店那样整齐、漂亮。为了达到这个目标,我们应该怎么办呢?

一是列出自己生活中必须穿的衣物的件数和种类。虽然这些情况因人而异,但是生活在这样一个大背景下,我们还是可以做出大体的分类:工作类,游玩类,日常生活类,正式场合类,这是根据不同场合做出的分类;我们也可以根据季节、气温等因素进行分类。

二是仔细检查留下来的衣服。让我们来看一下自己所拥有的衣服,能否同时满足特殊场合和季节的要求,有些衣物是否过多?今后买衣服时,要针对不足点进行"强化",时刻提醒自己不能因一时冲动而购买已经过剩的衣物类型。这样便能改善目前这种无用衣物很多,可穿衣物却短缺的情况。

三是克制自己,不要再无休无止地买进。尽量不要在促销大卖场或网店买东西，而要悠然自得地挑选自己喜欢的衣物。买衣服时，要进行多次试穿，尽量在接近自然光的光线下检查色泽。此外，最好做到货比三家，即使只想买一件衣服，也要多逛几家商店。如果尺寸稍微有些不合适，可以到衣服修理店去改一下，这样穿起来就会舒服很多，你的心情也会随之豁然开朗。

第三，收拾家中的书报、CD等杂物。喜欢书的人最舍不得扔书，喜欢音乐的人则舍不得扔CD，喜欢电影的人就会舍不得扔DVD。对这三种东西都爱好的人也不在少数。一进入这些人的家中，就仿佛置身于图书馆或是音像店。书和CD都需要一定的存放空间，如果你住的地方不够宽敞，而这些物品又超过了一定数量，就用一些方式处理吧。

每个家庭大概都会有一些畅销书，这些东西在市场上随处可见，即使扔掉也不会觉得很为难。而且很多书可能看完一次，就不会再翻。像这种使用频率很低的书籍，我们完全没有必要在家中收藏。

实用书籍或是经典的名著，如果仅仅有一部分内容对自己有用，我们可以把那些对自己有用的部分摘录或复印下来，如此一来，所需空间就变小了。

另外，那些参加应酬的时候收到的、介绍某公司历史的书籍和光盘，都是并非由于自己意愿而得到的东西，处理掉也不会后悔。

留下来的书报和软件，整理时要把最近经常看的书和经常用的软件摆放在最容易找到的地方。使用这种方法进行分

01 简：为什么能够实现梦想的人，都特别爱干净？

类整理后，你就可以一下子找到使用频率高的东西了。

第四，收纳那些不必要的纪念品和趣味品。说到记忆的宝库，那就要属照片了。如果能够把所有的照片都放到相册里，也就没有必要扔掉它们了。问题的关键就在于，大量的照片都没有被很好地保存起来，而是随意堆在角落里。于是，很多人都会感叹"一定要整理才行啊"，从而背负了沉重的压力。其实，我们根本没有必要将所有的照片都保留下来，将那些拍摄效果差或重复的照片处理掉，照片的数量自然会减少很多。和照片一样，那些没有保存价值的信件，我们也要果断地扔掉。把明信片、贺年卡、今后不会再看的信件等，统统处理掉吧！

那些学生时期的作品和旅游时的纪念品，虽然无论如何我们都想把它们保留下来，但一旦这些物品的数量过多，就很难为它们找到"安身之地"了。必须保留的分类整理好，给那些不太重要或体积很大的东西拍下照片、做好记录，然后处理掉就可以了。

如果你曾对某种收藏很着迷，现在又失去了兴致，要想将它们扔掉，之前倾注的热情和花费的大量金钱就会成为最大的阻力，就很难将"扔掉"付诸实施。也可以把它们拍成照片，存入电脑，成为永久的保存和记忆。

对于一般人来说，纪念品是最舍不得扔掉的东西。不过，一旦你调整好心态，就可以像处理其他杂物一样，很痛快地处理掉那些毫无用处的纪念品了。当然也可按下快门存入电脑，分类整理。对那些对你来说很重要的东西，即使所处的空间再狭小，也不应扔掉它们，还是悉心地保存下去为好。然而，更多的情况是，我们既想要更加宽敞的空间，又不再喜欢那些东西了。不过是迫于无奈，考虑到人情、交情等问题，一直没办法把它们扔掉。如果你属于后一种情况的话，就把内疚连同那些东西一起扔掉吧！

再好的东西，如果我们不喜欢，它也只是一件单纯的东西。我们拥有再多这样的东西，也无法使生活变得丰富。相反，还会让自己的生活更加贫乏。

第五，整理家中的家具和电器。家里总会有些家具、家电是我们不经常使用的，或是未尽其本来用途的。由于家具和家电大多属于大件的东西，一旦把它们处理掉，生活的空间就会宽敞很多。但是，如果趁势扔掉了那些有用的东西，又会给你的生活造成不便。你需要经过慎重的判断，再采取行动。现有的家具、家电，有些因为不太好用，性能变得低下，虽然还可以使用，但其原有使用方法发生了转变，其原本功效也得不到充分的发挥。

第六，纸张类的清理。大多环境杂乱的家庭，都有一个相同的特征，就是纸类特别多。除书和杂志外，很多人对如何收拾整理宣传单等大伤脑筋。报纸、宣传单、通知单、剪报、发票、会员卡、积分卡、纸箱、纸盒子等，都是需要好好清理的。

在处理纸类杂物的时候，一定要留意那些包含重要信息的东西。那些没有什么重要信息的纸类，如果不及时处理的话，就会越来越多。所以，我们要学会从源头上断绝增加的可能。

—— · 01 简：为什么能够实现梦想的人，都特别爱干净？· ——

尤其是报纸，如果实在不需要看就要及时处理，如非特别必要不要做剪报，通知单要在接收后立即判断是不是需要保存，如果仅仅是一次性的通知，及时扔到垃圾桶，发票要坚持放在固定地方，尽可能少量保留会员卡、积分卡，那些广告式的商品目录务必及时扔掉，不要收集那些大体积的纸箱和其他箱子。这样纸类的废物就会越来越少，家中也会越来越清爽。

7.从前不回头，往后不将就

要是实在"不想扔"，当然只能留下。而留下的如果是负能量的物品，可以肯定，你会被这些物品所拖累，让我们的身心不能轻松自如。一个人成熟的标志是学会狠心，学会独立，学会微笑，学会放弃，学会丢弃拖累你往前走的东西。如果扔不掉或是不想扔，被拖累的就是你自己。

有一个作家和一群好友准备去探险。当时，正逢要去的地方遭受严重旱灾。在旅途中，作家随身带了一个厚重的背包，里面塞满了食具、切割工具、挖掘工具、衣服、指南针、观星仪、护理药品等。作家对自己的背包很满意，认为已为旅行做好了万全的准备。

一天当地的向导看完作家的背包之后，突然问了一句：

"这东西让你感到快乐吗？"作家愣住了，这是他从未想过的问题。他开始问自己，结果发现，有些东西的确让他很快乐，但是，有些东西实在不值得他背着它们，走那么远的路。

作家决定取出一些不必要的东西送给当地村民。接下来，因为背包变轻了，他感到自己不再有束缚，旅行变得更愉快。他因此得到一个结论：生命里填塞的东西愈少，就越能发挥潜能。从此，他学会在人生各个阶段中定期解开包袱，随时寻找减轻负担的方法。

学会舍弃，找到杂物之源，这时候你要做自己内心冷静的剖析者，看看自己为什么留着那些杂物。随着杂物一起扔掉的还有精神杂物，扔掉消极、抱怨，扔掉担忧、拖延，扔掉对未来的焦虑和不安，因为杂乱的生活是对自己的一种惩罚，扔掉杂物不仅释放了空间，更重要的是释放了心灵，让心灵摆脱旧有情绪的困扰，然后轻松前进。

现在，你的家就是最昂贵的垃圾桶。你周围的垃圾正占用着你宝贵的空间，消耗你生命中的能量。是时候让居住的地方重新成为你的家了。是时候让自己重新焕发活力了。是时候把垃圾倒掉了。这时你可能会问，什么是垃圾？

垃圾，或杂物，包括你保留的但对你不再有用的东西。这些东西可能是损坏了的，也可能是崭新的，无论如何，它们都已失去了价值，所以成了垃圾。这些东西一无是处，当然不能提高你的生活品质，相反，它们是优质生活的牵绊，是焕发生机的阻碍，也是你必须清除的绊脚石。

---·01 简：为什么能够实现梦想的人，都特别爱干净？·---

你不再穿的衣服、塞进书桌和文件夹里的纸张、淘汰掉的电子产品，不再听的唱盘、填满了橱柜、抽屉却无关紧要或从没用过的物品……所有这些杂物塞满了你的家、车库和办公室，在生活的各个角落不断牵绊着你。不论你是否意识到这一点，这些"大累赘"都让你享受不到家的乐趣。它们是幕后黑手，给你"一事无成"的感觉，或者让你闷闷不乐状态不佳，仿佛疾病缠身。这些感觉一起出马，便会控制住你的感官，于是什么也没法激励你了。你的生活不再有条不紊，任务不再按时完成，计划不再积极参与。你感觉精神压抑，一事无成，好像需要什么东西让自己感觉舒服一点儿。

清理杂物有助于恢复你的清醒感和洞察力，清理完杂物，你就找到了自我；移走了障碍，你才能快乐地生活。扔掉杂物，你将不再缺乏动力，不再焦虑不安，不再闷闷不乐，取而代之的是心灵的安宁，疑虑的消除，以及对改变和进步的接受。

如果你愿意丢掉一些东西，清理杂物的过程将会很容易，如果你还在为取舍而挣扎，也不用烦恼。本书会在清理杂物的过程中，给你提供大量来自现实生活的例子，以此给你建议；本书会给你必要的工具，重新开拓生活。你会发现自己正在将杂物扔进垃圾桶，这才是它们应有的归宿。是时候收回你的空间和你的生活了！

那么就从现在开始行动吧，从那些因为"不想扔"而导致"扔不掉"的东西下手，把那些不需要的物品，不需要的过往，统统扔掉，活出今天的自己。

02 理

你衣柜里缺少的不是衣服，而是春光

> 如果你面对诱惑蠢蠢欲动，但是又发现物品的价钱超出你的承受能力，那么你应该分析"想要"和"需要"之间的差别。

• • • • • •

1.身体的欲望是衣服，心的欲望是生活

不管是女人还是男人，无论是美还是丑，我们始终离不开衣服。

西方有一句名言"女人永远缺少一件衣服"，意思是说，女性对于服装的渴望是无穷无尽的。无论她有多少套衣服，还是觉得需要买衣服。但实际上，现代女性有几个人不是衣橱满满的，什么都有呢？

—— · 02 理：你衣柜里缺少的不是衣服，而是春光 · ——

我们都有同样的经历，没事逛逛街，回来就是一大堆的衣服。其实也许只是看中了其中的一件，哪怕是小披肩。买了披肩，想着拿什么配它，然后买了搭配的裙子或者衣服，又想着配裙子或者衣服的，需要打底裤或者裤袜，然后又想着配打底裤或者裤袜的鞋子，买了鞋子又想着买什么包包搭配。

好像一根导火索，这件"小披肩"引发了一连串的购物反应。

你衣橱里那件许久没有穿出来的吊带裙，总是找不到一个合适的"伴侣"。等你某天想起来了，却发觉，原来只是一个购买的动作，只是为了满足那时那地的消费欲和占有欲，仅此而已，适用性的问题已经被你不理智的头脑抛到九霄云外。但是那真的不是消耗品，它存在着，从你在卖家手里拿回来的那一天起，就一直存在于你的衣橱里，永远占用着你衣橱里有限的空间。

就这样，一边是越来越满的衣柜，一边是压抑不住的购买欲望。不论衣服再多，买的行为永远在继续。

夜颜是个购物狂，每个月挣来的工资差不多都用来买衣服了，衣柜的衣服多的放不下，而每天还和朋友抱怨，这件衣服不合适，那件衣服不大方。

"可可，你和我去逛街吧，我没有衣服穿了。"夜颜可怜兮兮地对好友可可说。

"不去，大姐，拜托我们上个星期才去买的衣服好不好？"

"可是，我没有衣服穿，怎么办啊？"

"还没有衣服穿，你看你的衣服多的衣柜都快放不下了，不去。"可可直接拒绝道。

当你要出门的时候总是觉得衣橱里永远缺少一件衣服，纵使不断花钱"血拼"把衣橱塞得满满的，也无法改变这种状况。"缺少一件"，并不是一个绝对的概念，其关键在于，面对一堆衣服的选择困难，以及对物质的不懈追求。

女人对于衣服永远是欲求不满的！每天早上醒来，打开衣橱，永远觉得没有衣服穿，没有鞋子配，翻拣着衣柜，不停地在镜子前比画，却总是找不出合适的衣服。其实真正缺少的恐怕不是一件衣服，真正缺少的恐怕只是满足感，人都是不易满足的，现实生活中我们虽然一直在获得新的事物，但当我们在获得后又会对另外一些事物产生欲望……

的确如此，不管女人已经买来多少件衣服，但是出门或者换季的时候，总觉得少了一件最合适的衣服。衣服之于女人，应该是生命中永远的诱惑。女人向往美好的东西，然后把曾经认为好的衣服都收集在衣橱里，恋恋不舍地积累下来，满了，也不舍得丢弃。

潮流时尚变幻莫测，而且随着四季变换，新款衣服更是层出不穷，对大部分女性来说，她们都拥有疯狂的购买欲，如果不买几件过过瘾，就会觉得心里空荡荡的。不知不觉之中，衣橱就被塞得满满当当，衣服放不下了就只好随意地扔在房间的各个角落。女人心情不好的时候买衣服，心情好的时候更会买个不停。失恋了买衣服为的是把自己打扮得更加漂亮去迎接新恋情；加薪了买衣服，为的是好好犒劳自己多日来的辛苦；减肥了也要买衣服，为的是向别人展示摆脱十几斤脂肪后的苗条身段……千万别小瞧女人的衣橱，在这个甚至不足一平方米的空间里，不仅吸纳着女人的财富，也收藏着女人光芒背后的野心、快乐、幸福甚至是泪水。

身体的欲望是衣服，而心的欲望却是生活。与其说女人是在换季、添衣，不如说是女人想换心情、换生活，而心中的欲望和满足感得不到满足，或者欲望过多，生活自然就不会轻松快乐。

当你跟往常一样有心无意地逛着街，看到一件喜欢的衣服先别急着下手，你一件一件地捋一遍你衣橱里的衣服，你真的缺少这一件吗？没有类似的替代品了吗？然后你开始绕开那些夺人眼球的衣服小细节的差别，其实家里那一套改造一下，外套A和裙子B混搭，或者外套A跟裙子C混搭一下，外套A就可以一下子变身为"时下新款"。这样一来，你的审美水准是不是也不自觉地提升了，所谓的"宁缺毋滥"也落到了实处，你的衣橱大概也可以跟你一样松口气了，再也不用承载多余的负担了。

历史上有一位哲人说过两弊相衡取其轻，两利相权取其重。我们不需要那么多的衣服，也不需要那么多的欲望。每个人都背负着太多责任与欲望，若将其全部丢掉，人生将会毫无意义；但不舍弃一些，我们又会不堪重负。这时，放弃就会成为一种尤其重要的智慧。

2.得不到的永远在骚动

打开你的衣柜、鞋柜、首饰盒,有多少衣服鞋子饰品买了之后却很少甚至从来没有穿过戴过?尽管如此,对于热衷于打扮的人来说,衣柜永远都缺那么几件——"得不到的永远在骚动"。

眼下正在流行这样的风潮:少买一点,理性一点,但凡下手的一定要是精品。当然,精品并不一定是由价签上"0"的个数来决定的。随着"快时尚"——为了某种原因或者某个场合穿一次而购买,之后便再无用武之地的消费理念逐渐深入人心,追求数量和一时流行的观念也逐渐被追求质量和更经典的品位取而代之。

英国一名叫哈曼的女孩可以称得上是不折不扣的购物狂。近日她向媒体展示了自己惊人的"战果"——衣服和鞋子占据了四间卧室!

哈曼现年25岁,家住英格兰艾塞克斯郡,目前从事法律秘书的工作。据她介绍她每天平均要花3个小时逛街扫货,目前已经为添置新款时装花费了超过5万英镑(约合51万人民币)。由于沉溺于购物无法自拔,她的父母不得不腾出4间卧室用于放置哈曼的衣服鞋子,其中竟然有整整4个衣橱的衣服从来没有穿过。为了购物哈曼还办理了大量银行卡和信用卡。

―― · 02 理：你衣柜里缺少的不是衣服，而是春光 · ――

哈曼的男友已经受不了她的疯狂举动而同她分手，但哈曼却表示，她不打算遏制自己的消费欲望，未来想找一个和自己一样热爱购物的男人。

购物是女人的天性，为什么哈曼不停地购物，为什么已有很多没有穿过的衣服还要不停地购买？是因为无休无止的攀比心理在作祟吗？也许，更多的是女人内心中的欲望得不到满足。

沈燕是在祖父举行丧礼的那一天买下这件衣服的。在悲伤的场合中，聚集了许多亲戚，但是不知道为什么却没有人来跟她说话，让她感觉到一种无法言说的疏离感。在那个场合中待不下去的沈燕，就趁着丧礼的空档，不知不觉地走进了附近的购物中心。当她一个人闲逛的时候，在一家专柜处，有位店员主动与她搭话。沈燕对于店员的推销术完全没有抵抗力，当场买下了这件3000元的长版上衣。

之后沈燕每当看到这件衣服，总是会想："当时为什么会买呢？真搞不懂。"既不是自己喜欢的设计，怎么看也都不适合自己，却花了3000元买下，到底是为了什么呢？

在听了讲座后，沈燕察觉到："原来是因为当时我很寂寞啊。"当她受到周遭的冷落而感觉孤单时，店员亲切的接待让她感到安慰，所以才会冲动地买下了这件自己并不喜欢的衣服。

看看你的衣柜吧，仔细检视一下，有哪些衣服和鞋子是你从来都没有穿过的？为什么你不想穿呢？是太好了舍不得穿还是太差了不好意思穿？抑或是因为这衣服你根本就不喜欢，甚至早早就忘了还有这件衣服的存在呢？

数一数你有多少件"去年一次都没有穿过的衣服"？明年或者今后都不会再穿的衣服又有多少？很多人都有这样的想法、过一段时间或许就会再次流行了。那些一直没穿过的高档衣服就被统统塞进了衣柜。但是，我们需要弄清楚一点，同一种类型的衣服不可能会再次流行。即使风格有些类似，当下流行的衣服在袖长、腰宽、款式等方面，也一定与之前的流行样式不同。此外，你也无法保证自己的身材在下次流行到来时不发生变化。你是不是还有一些"能穿，但是感觉有些不适合，或者穿上后会影响自己情绪的衣服"呢？很多人在买来衣服时非常喜欢，由于价值不菲，便下定决心一定要把它穿到不赔本为止。然而，由于衣服的尺寸、材料、颜色、款式等方面，仍存在某些与自己不相配的地方，穿上衣服时难免会感到不踏实。这样的衣服人们自然也不愿多穿。

衣服本身是好东西，但是如果已经不适合自己了，那么它的价值就等于零。衣服穿在身上，必须让人感到心情舒畅，并且把人衬托得更加漂亮、有活力、有气质才行。

还有就是那些已经明显过时的衣服。如果你看到某个女人，现在还穿着带有厚垫肩的衣服、及膝的短裙这种过时的套装，会不会感到大跌眼镜呢？懂得珍惜东西确实是一种值得赞扬的行为，但衣服的款式可以传递社会的信息。如果你穿的与当今的时代相去甚远，从很多方面来讲，都会得不偿失。

　　整理衣柜，这样的衣服肯定首先要舍弃，腾出空间来放自己更喜欢的、每天都离不开的、真正有用的衣服。这样，不仅会让你的衣柜大大清爽，也让你的心因此而得到一次洗礼——原来有些东西真的是可以扔掉的！或许因此，你会明白，为什么有的人活在世上很洒脱，有人却觉得很累，而你自己不必叹息或是羡慕，只要学会去清理你的背囊，扔掉烦忧，储蓄快乐，你获得的将是对生活的向往，你会感叹："放弃也是一种美丽！"

3.物是人非，睹物思人还有何意义？

　　衣柜里的衣服这么多，很多从来没有穿过，可翻来看去还是舍不得扔掉，为什么？

　　原因很多，但如果不是我们前面说过的那些，比如你不喜欢或不好看，那就还存在一个原因：衣服本身不重要，重要的是衣服背后的故事，衣服背后的记忆，衣服背后那些难以舍弃的过往。舍不下的其实不是衣服，而是记忆，或者记忆中的人。

　　一个好友，就她的"服装问题"打电话咨询我，她的公寓里有太多衣服，让她没法舒适地走动。当我来到她家里，我看到她的衣服不是放在衣架上或叠好放在衣柜里，而是摆得到处都是，有的衣服还挂在书架上，好像她的家是布艺公寓。很明显，这意味着她正在掩盖某种强烈的情感。

当我问及她家里的这种状况持续了多久，她告诉我，十年。她的家给我一种蚕茧的印象，而她就是里面蠢蠢欲动却未破茧的蝴蝶。

对我来说，其实她已经是一只可以在外飞翔的蝴蝶，她的问题，就在于她阻止自己看到真实的自己。

她的衣橱前，有很多衣服，像篝火一样堆起一大堆，堵着衣橱的门。当我问她衣橱里有什么，她说，更多的衣服，连她自己都不记得有什么衣服。

她的小床上也满是衣服。我问她怎么睡觉，她说自己会把衣服推到床尾卷成一个团。房间的中间有一个熨衣台，那里也堆了一层一层的衣服。我问她怎么熨衣服，她说自己厌恶熨衣服。这就是她把衣服乱堆的原因。她感觉，如果衣服没有叠起来，就没有熨烫的必要。

当我建议扔掉一些衣服时，她犹豫不决，问我能不能简单整理一下。我解释道，她的杂物问题已经严重影响了她的生活。我告诉她，她拖得越久，衣服堆就会越高，她就会事事被绊倒。"我想帮助你打造一个安稳而清洁的生活环境。"她同意了。

我们开始整理衣橱前的那堆衣服。我一件一件地整理，边整理边问她：你最后一次穿这件衣服是什么时候？你还喜欢这件衣服吗？如果现在让你买，你还会买这件吗？穿上它，你感觉好吗？穿这件衣服很吸引人吗？以及，这件衣服还适合你吗？扔掉它行吗？如果她想要某一件衣服时，就会说"但是它的样式很时髦"。而我会问，可是，你喜欢它吗？

她了解了我的想法，然后又扔掉了很多衣服。

总的来说，人们很聪明，明白坏习惯会让他们的生活崩溃。她正在接受好习惯，也已经感受到了益处。接下来，我们清理了衣橱周围，我能打开衣橱的门了，就像打开一个装满衣服的地窖。门折页裂开了，发出吱吱的响声，一股浓浓的霉臭味散发出来。

她和我一样好奇——衣橱里面有些什么？

我发现很多长裙，这些长裙和一个男人有关，他们相恋了五年，这些裙子是他买给她的。他们的关系已经彻底结束。但她谈到这次分手，情感的伤痛会再次复发。她仍有些在意这段感情，就像是那段感情刚刚逝去。我们正在拜访那段感情的墓地。她无意间用衣服遮住了这个墓地的入口，但是悲伤的灵魂还在，并萦绕了她好几年。

我告诉她："你开始用一堆堆的衣服挡住衣橱，来隐藏自己的感情，而这会占据你全部的空间。"

这就是压抑情感的东西：当你在一个地方这么做，就会在所有地方这么做。为了不让自己感受强烈的情绪，你不再分辨情感。这成为你的习惯，你不再感受大多数的情绪。情感还在，却被这些杂物压制。你能感受这些情感，但你意识不到它们的破坏力有多大。无论失去什么，你都应该为过去感伤。最好的应对是接受悲伤的感觉，不要逃避，因为过去不能复回。之后，改变吧，因为只有你自己可以放开这些事。当你改变了，你就感觉自由而平静，并愿意接纳新鲜的事物。

她哭了，我能感受到她摆脱了杂乱的情绪。她的脸色变得有光泽，呼吸也更加踏实。我们继续扔。没用的衣服送到福利院，最近穿的衣服放进衣橱，挂在衣架上。她的家不那么乱了，有一种难得的平静。

对很多人来说，衣服代表生活中不同的情感时期。如果你留着很多不穿的衣服，你的衣橱就变成了过去的照片。

旧物很少能帮助人们，它似乎能减轻你当下遇到困难时所感到的压力，但也让你难以摆脱过去。它不会帮助你，反而会让你觉得过去比现在更好。有意思的是，你试着保存物品的过程可能就没有那么好了。回忆里都是闪光的时刻，但是另一方面，它会不断拖着你远离当下，而可能就又开始留恋起更早发生的事情了。

女人不舍得丢的衣服往往是因为有一些回忆在上面。痛苦的回忆都存在心灵中，我们的心就无法更加轻松面向前方，而只有当我们倒空一些记忆，舍弃一些欲念才会有所获得。一味盲目追求，可能会失去更多，该放弃时就应果断决定，当弃不弃，必失其得，学会勇敢地断掉心灵中的杂物，我们的人生才会获得更多的满足和快乐！

4.名牌若不适合你，还有什么了不起？

我们看重一些东西，经常是因为买它们花了很多钱，而不是因为它们带给你满足和快乐。我们用价格标签或品牌名称来鉴别某物，却忘记了关注它是否真的能让你开心。开心是直接而简单的，不需要解释。如果你发现自己过分维护一样东西，那你就知道了它其实就是杂物。

现代女性往往是名牌的忠实追随者，很多女人甚至痴迷于名牌，所以衣服、鞋子、包包、首饰等都要用名牌，买回来以后并不一定真正适合自己，为什么大多数的女人痴迷于名牌呢？我想这往往是女人的虚荣心带来的，其实很多时候追求名牌没有错，但是名牌不一定真正适合自己。对于不适合自己的东西，务必全部扔掉，大胆地舍弃，不要有丝毫留恋，这样才能轻松惬意。

某外企职员月薪一万元，她这样表述自己对于名牌的追求：

我在一家外企工作，周围的同事大多很重视穿着，说白了，就是都很看重牌子。尤其是来自香港、台湾的同事，对名牌货更是青睐有加。耳濡目染，公司里买大品牌的人（以女性为主）越来越多。兰蔻的口红、SK-II的面膜、香奈尔的香水、蒂芙尼的饰品、宝姿的套装、迪奥的包包……公司俨然成了秀场。什么是"名牌货"？就是用买十头牛的钱，买到不用半张牛皮就可以制成的皮包。而对于小白领来说，拥有这些东西的秘诀就是省吃俭用N个月，然后为购置一件带有奢侈标志的东西而刷光卡里的钱。有条件要买，没有条件创造条件也要买。明知道一个迪奥的包包等于几个月的工资，还是要买。为什么？为面子！在一群被名牌武装起来的同事中间，如果你穿得普通，感觉很怪。现在，早已过了那个大家挤在洗手间里试穿同事新衣的年代。穿名牌不是新闻，不穿名牌才稀奇。

橱窗后面那些"高贵"的名牌，以及这些名牌所代表的精致与奢华，吸引着大部分的女人，像这个外企职员一样的女人数不胜数。

当然，每个女人爱名牌的原因都是不一样的，有的人，喜欢名牌，而且酷爱一个牌子到了"非君不买"的地步，这样的人，骨子里常常是非常追求完美的。仔细观察她们的生活，你会发现，她们其实活得挺累，因为她们内心容不得半点瑕疵或者遗憾。还有的人因为过分自卑而希望利用这些奢侈名品来提升自己的形象，不过往往会适得其反，让其内心的虚弱和不自信暴露无遗。自我评价低的人，无论怎么装饰自己，也很难产生"名牌效应"。还有的人为了成为"世界"的中心，她们会绞尽脑汁，千方百计地堆砌名牌，直到周遭的人全都开始关注她们的表演。说到底，其实她们的名牌是拿来喂养别人的眼睛的，至于她们自己，一旦失去表演的机会,生命就会立刻委顿下去。

名牌,对有些女人的诱惑是致命的。但是满身名牌的女人感觉就像是一杯极其浓香的下午茶,喝下去会觉得口涩难以下咽。

日本一位成功女企业家自言,家里没有多余的一件衣服,衣橱里所有的衣服,都各有各的用处,代表着不同节气、不同场合,甚至不同时间段的出场需要。没有用处的,当即清理,无论是什么大牌。她说,这样的好处是,她随时随地都能知道自己第二天如何穿戴齐整地出门,不用为如何穿衣服花时间费脑筋。这真是说一千道一万"节省时间就是创造财富"的箴言。

名牌也许能够为你加分,但如果没有名牌,只要把自己喜欢的日常服装搭配合理,自然大方,同样能够穿出迷人的味道。

人的情感总是希望有所得,以为拥有的东西越多,自己就会越快乐。所以,这一人之常情就迫使我们沿着追寻获取的路走下去。可是,有一天,我们忽然惊觉:我们的忧郁、无聊、困惑、无奈、一切不快乐,都和我们的要求有关,我们之所以不快乐,是我们渴望拥有的东西太多了,或者太执着了,不知不觉,我们已经执迷于某个事物。

在远离城市喧嚣的僻静处,有一条老街,街上有一家茶馆，里面住着一位老妇人。她经常戴着一副老花镜坐在那里织毛衣，身旁放着一个紫砂壶。老妇人并不在乎生意的好坏，她老了，挣的钱够维持生活，她就很满足了。

一天，一个经营古董的商人从这里经过，无意间看到老妇人身边的紫砂壶。他一眼就看出，那个壶颇有清代制壶名家戴振公的风格，且他的作品现在仅存三件。

商人在得到老妇人的应允后，仔细地端详起那个壶。果然不出他所料，这正是戴振公的作品。他如同发现了新大陆一般，兴奋不已，当场提出要出10万元买下这个壶。老妇人先是一惊，而后拒绝了。这个壶是她丈夫留下来的传家之宝，意义非凡。

商人走了，老妇人的心却不平静了。她没想到，这个用了多年的茶壶竟然这么值钱。原来她躺在椅子上喝水，都是闭着眼睛把壶放在小桌上，可现在她总要坐起来看一看。当周围的人知道她有一个价值连城的茶壶后，门槛都快被踏破了，甚至还有人晚上来敲她的门。一个壶，彻底搅乱了老妇人的生活。

过了一段时间，商人又来了，这一回他带着20万元现金登门。老妇人再也坐不住了。她下了决心，招来左右店铺的人和前后邻居，当众把那个紫砂壶摔了个粉碎。

拥有一个价值连城的物件，固然是幸运之事，但若这件身外之物给心灵带来负累，给生活制造了重重麻烦，真的不如不要。

——·02 理:你衣柜里缺少的不是衣服,而是春光·——

因此不论衣橱里的衣服多么美丽,是多么响亮的名牌,甚至曾经如何地吸引过你,如果当下已经不适合你,那就果断地清理掉,不要犹豫,不要后悔。不要让你对名牌的迷恋遮住了你望向前方的眼睛,更不要让对过去的痴迷阻碍了你断舍离的脚步。没有关系,再美丽的名牌也已经不适合你了,还要它干嘛呢?果断地扔,才是你该做的。

5.为你的衣服找到新的春天

衣服的处理方法有很多,不仅仅局限于扔掉,送给那些需要的人也是种很好的选择。就选择你认为容易做到和认同的处理方法吧,当你实在不想扔或是舍不得的时候,那就让你那些曾经心爱的衣服也能找到第二春,找到更好的归宿,焕发新的生命力,相信那对你是一种心灵的安慰。

第一种,可以放到名牌二手交流市场。

那些名牌衣服原来的价格都很高,如果只是有一点儿小瑕疵的话,还是能够在二手市场卖掉的,有些甚至还可以卖个好价钱。在二手市场中,每家店都有自己的营业方式。有的店会直接收购你的旧货,自行出售;而有的店会在交易成功之后,从中收取一部分委托费。如果将衣服拿到二手市场,交由店家保管或出售,自己就会轻松很多。

当然,你还可以在跳蚤市场摆个摊儿,出售那些不穿的衣服。蓝天白云下,别有一番情趣。与二手市场不同的是,在跳蚤市场,你可以为自己的东西定价,但是,跳蚤市场给人的感觉是所出售的物品都是卖家认为没用的东西。因此,价格就不能定得太高,而且顾客还会砍价,不要奢望自己的东西能在这里卖一个好价钱。许多人认为,在跳蚤市场上可以一次性将那些不用的东西都处理掉。事实上,衣服卖不掉的情况最多。如果在这里都无法卖掉的话,那么就只好扔掉了。要是有兴趣,还可以拍好照片定好价格后放到网络商店出售。

第二种,可以选择捐出去。既让衣服找到新的归宿,又能给最需要它的人带去一份爱心和关怀,何乐而不为?

我们可以把不想再要的、整齐完好的衣服清洗干净后捐到民政局、慈善总会,除了通过相关部门进行捐助外,还可以通过赠予的方式,将旧衣服直接送给贫困人群。

生活在城市里衣食无忧的我们,也许并不特别了解贫困山区孩子的生存状况。他们从来没有见过彩笔,从来没有过像样的玩具,从来没有见过电脑,每天步行几公里或者十几公里上学,中午不吃午饭,在四处透风的"教室"里上课。那些在刺骨的寒风中冻红的面庞,干裂的唇角,长满冻疮的手脚,是我们心灵最深处的触动……作为一个普通人,我们也许无力切底改变他们的处境,无法消除他们的贫穷,但是,我们都可以为他们做点什么,哪怕只是小事,哪怕是带着你的体温的衣服。

—— · 02 理：你衣柜里缺少的不是衣服，而是春光 · ——

某师范学院从2003年开始到现在，就一直在不间断地进行旧衣服捐赠活动，爱心团队也不断壮大，让数百名需要帮扶的年轻学子受益。一走进这所师范学院的办公室就能看到有十几包整理好的爱心衣物。"入冬了，我们开始向全校师生发出倡议，捐赠旧衣物来帮助家庭经济困难的学生。"这所师范学院资助管理中心主任说，为了保证每名学生都能挑到合身的衣物，他们会提前对衣物进行清洗、消毒、分类、整理，让需要的学生自主挑选并免费赠送给他们。学校也公开接受社会爱心人士的捐赠，对衣物的类型并没有特别要求，但是一定要干净、无破损。

第三种，回收。就是送到专门的废物回收站，由他们来专门处置。

爱美的女孩总是喜欢买各种流行时尚的衣服，可是这些流行时尚的生命力却很短暂。现在人们的生活水平提高了，随时随地都可以买到自己喜欢的衣服。但是，这个时候，我们也要面对一些问题。旧衣服应该怎么办？这些旧衣服虽然旧了可是还能穿，扔了觉得可惜，留着也不想穿，这个时候应该怎么办呢？

旧衣服的回收给我们提供了一个废旧衣物处理的地方，各大城市都有许多旧衣服回收站和旧衣服回收商，他们收来旧衣服后，经过简单的挑拣分类，有的送到工厂加工处理，制作成再生棉和再生颗粒，经过拉丝和膨棉等工序后，成为纺织厂的原材料；有的进行工艺改造，如牛仔裤可以改制成牛仔包，衣物可以制作成拖把、拖鞋等进行再利用。

旧衣回收以后我们就不用再为如何处理这些旧衣服而烦恼，还可以通过大量收购旧衣服的机构来赚一些零用钱，一举两得。家里的柜子有了空余的地方，爱美的女孩就可以把更加流行和时尚的衣服搬到自己家中的衣柜里，让自己永远站在时尚的尖端。

为你不想扔掉的衣服找到第二春吧，这样不仅可以让接受的人感受到爱的温暖，同时也会让你感到幸福，正如圣经中所说的"施比受更有福"，那么赶快做一个幸福的女人吧。

6.如果没有购买那件衣服，你仍然会开心

每个人都一样，会时不时感觉失落。当你感觉失落时，你的内心自然想振作起来，这时，也许你会用一种现在普遍的解决方式去改善心情，那就是购物。无论是网上购物或是实体店购物。人们的脑中充斥着所有电视广告或者杂志广告，在那些广告中，人们总是因为获得了某个产品，使自我感觉好了很多。人们的脑中还经常存留着过去的经验，你记得曾因为拥有某物而振作起来，于是你想再次感受那种经历，在被失落感包围的现在，你希望重温那时的

——· 02 理:你衣柜里缺少的不是衣服,而是春光 ·——

快乐时光从而振作自己。

　　但是,真正外出购物时,人很难有清晰的思考,结果是你买回一堆东西,却发现自己根本不需要。身外之物原本就不会给你带来更多快乐。如果你感觉糟糕,真正需要的是在生活中反省自己。慢慢来,善待自己,放慢步伐,反省自己,这会帮助我们改变心态,并且这种内在的反思是免费的,你不用为此开具一个月的信用卡证明。我并非想说,当我们需要鞋子时不能买新鞋,或者用物质犒劳自己是不对的,我的意思是,快乐的关键在于你要更深地了解,在当下,什么是对你真正重要的东西。

　　再具体回想一个你强迫性地想获得某物时的过程。想到那件物品时,你会有一种强烈的兴奋感;没得到它时,你几乎痛不欲生;一旦得到了,你马上感到满足和愉悦。但你要知道,你不是因为得到它而愉悦,而是因摆脱了欲望的痛苦而愉悦,当可怕的痛苦终结,怎么会没有强烈的愉悦呢?愉悦其实来自摆脱痛苦后的感激,而不是那东西本身。

　　但,看看你想得到某样东西的经历吧,事实上,你感觉过程并不舒服。直到拥有了它,你才感觉好受些。但想想这种好受来自哪里?需求减退了,心情平静了。得到并未带给你愉悦,你的愉悦来自内心的平静。广告和误导的记忆创造了你对于想要和需要的错误定义,一种无比强大的心理操控导致了欲望的产生。你已经被长期催眠至一种痛苦的境地,总认为自己需要、欠缺,而解药就是眼前那件正出售的物品。

其实，如果没有购买那样物品，你并没有损失，仍然会开心。可是，广告和那些不开心的人，会把"失去很可怕"的想法灌输到你的意识中，突然间，你就会严重地患得患失。这就是摆脱物质的难点所在：你买了一件物品，想让它缓解自己的痛苦，而一旦拥有，你又会感到如果丢掉它，就会增加你的痛苦。但是，这些恐惧只是你的幻想，而实际的行动会比虚无的想象更有益。

30岁的雅娟是个十足的购物狂，衣柜里的衣服塞得满满当当，但只要看到好看的时装，不管是不是适合自己的，她都会忍不住立马掏钱。她每个月的工资几乎都用来买衣服，还刷光了几张信用卡。她担心她哪一天还不上借的钱，于是求助于一位心理咨询师。

咨询师问她："买东西能让你从心底里感到放松吗？"

"是的，买的那一瞬间确实能够满足一下，但是之后就会非常讨厌自己。可是每次还是会买，就一直这么重复下去。"

咨询师向她推荐了断舍离的方法："先把那些越添越多的衣服扔掉吧。衣服上附着的欲望能量会形成一个磁场，不停地吸引同质的东西，你还是抓紧处理一下吧。这样一直下去你会被那些衣服控制，慢慢地走入人生的死胡同。想解放被负面磁场吸引的自己，恢复原来的自己，还是先从丢弃开始吧，我保证你一定会有死而复生的感觉！"

雅娟困扰了一段时间，自己的问题没有丝毫的缓解，最后，她决定试一试这种断舍离的方法，一股脑儿把多余的衣服全部处理掉了。

不久,她再次来到咨询处,这一次她神采奕奕,容光焕发,她兴奋地告诉咨询师:"那种控制不了自己的购物欲望的迷茫困扰了我很多次,但我还是决心重新开始,所以把衣服来了一次大处理。45升的垃圾袋我收拾出了22袋,自己看了都觉得惊讶。但是心情确实轻快了不少,有一种从体内的枷锁中释放出来的感觉。我自己都奇怪当初为什么会买那么多衣服,我竟然再也不会被商场里五彩缤纷的衣服诱惑了。因为购买之前我总会问我自己三个问题:我需要它吗?它适合我吗?衣柜里有吗?这非常有效,我已经因此而拒绝过自己五次了,我真是太高兴了。"

是的,是值得高兴。还有什么比自己战胜了自己更值得高兴的呢?这就是整理的魔力。

所以,在每次出门购物前都要思考一下,我需要什么?或者最好列一个购物清单,这样不但可以避免买漏了东西,又可防止买无谓的东西。当你看上一件很喜欢的衣服或其他东西时,当你拿出钱包想要付款时,暂停,想一想这三个问题:我需要它吗?它适合我吗?我家中有吗?这三点都考虑清楚后再买来的物品,一定是你需要并且让你感到舒适的东西。

服饰的流行是没有尽头的,永远都有无数的服装设计师在年复一年地制造着新的时尚,快节奏的生活让你无暇点查自己的衣物,于是很可能会买款式、颜色类似的衣服。所以女人要经常整理自己的衣橱,对自己的衣柜做好规划,做好搭配，缺少什么有计划地补充，对于超出范围的衣物，最好连看也不要看，如果你已经有同类型的款式，那么，再经济、再漂亮的服装，也不必再列入清单，避免盲目扩张衣橱和进行不必要的重复性消费。从此，你就会告别盲目的购买和无目的的消费。

7.像珍惜自己一样，珍惜那些筛选过后留下的衣服

　　杯子对主人说："我很寂寞，给我点儿水吧！"

　　主人问："如果你拥有了想要的水，就不会感到寂寞了吗？"

　　杯子说："应该是吧！"

　　于是，主人把开水倒进了杯子里。水很热，杯子感觉自己快要被融化了。它想这也许是爱情的力量；水慢慢地变温了，杯子感觉很舒服，它想这就是生活的感觉吧！水渐渐地冷却了，杯子很害怕，但它不知道自己到底怕什么，它想也许这就是失去的滋味吧！水凉透了，杯子很绝望，它想这是缘分的杰作吧！

　　杯子呼唤着主人："主人，我不需要水了，你把水倒出去吧！"可是，主人不在。杯子感觉自己压抑地快要死去，它开始憎恶凉凉的水，心里难过至极。

杯子用力一晃，水终于走出了杯子。杯子很开心，却不料自己掉在了地上，它碎了。临死之前，它看到自己心里的每一个地方都有水的痕迹，这时杯子才明白，原来它深深地爱着水，可惜它再不能把水完整地放在心里了。

杯子在拥有水的时候没有珍惜，殊不知从热情到冷却是事物的必经过程，无论怎样轰轰烈烈的感情最终都要归于平淡的生活。最后，杯子失去了水，在它生命即将消逝的那一瞬间才恍然大悟：失去了永远都失去了，后悔无用。

爱情如此，生活亦是如此。

大清理之后，你的衣柜是不是清爽很多了呢？

衣柜里的衣服大大减少后，剩余衣服的存在感也越来越鲜明。精简选择出来令自己满意的衣物，不仅让空间变得宽敞，而且让心情也得到了放松。这样的宽敞和放松为我们提供了"丰裕的生活"。留下来的衣服，都是最合我们心意的衣服，也是最可以穿出门、让自己更加充满自信的衣服。这样的衣服，穿的频率自然提高了，对它们的珍爱程度也随之提高，不会再胡乱地堆积，扔在角落里好久也不理睬。

衣服再多有什么用？经常穿的不过是那几套，留下最喜欢的，就会最珍惜。这是小美的心得。

小美是个前卫的漫画手，穿衣服一直不讲风格，只讲喜欢，因而看到喜欢的就买。衣柜里衣服很多，即便她实践断舍离的方法以后，每年也都会有新的来，旧的去。但总有几件多年来穿得最多穿破了也舍不得丢掉的衣服，哪怕自己动手打几个补丁，也舍不得扔掉。

舍不得丢掉，是因为喜欢它。独一无二的样子，第一眼看到它时的兴奋，还有买回家时的喜悦，每次看到它们，最初拥有它们时的喜悦感就会重现。

有两件是经常穿的，也是最喜欢的。大概是2005年买的，到现在已经八年多了。小美在穿衣服方面是个喜新厌旧的人，但这两件越穿越喜欢，居然再也找不到比这两件更舒服、更好看的衣服了。因为洗的次数过多，有些地方轻轻一扯，就破了……只好补了又补，现在每次穿的时候，都是小心翼翼地套上，生怕再扯破了。对衣服的珍惜发自内心，只因为真的喜欢。

人生很多时候只有失去了一些东西或许才会珍惜现在拥有的，就如你扔掉一些不穿的衣服你才会对留下的衣服更加珍惜一样，而幸福的人不会为了幸福去追求自己没有、别人拥有的东西，恰恰相反，他们以自己已经拥有的为幸福，学会了满足的艺术，满足于自己所拥有的，就能变得快乐。

03 顿

整理好你的针线筐,明天才能够如约而至

十八世纪时有一个贵妇人问当时鼎鼎有名的一位智者:"听说你是最聪明的人,那么怎样才能更有效地利用时间呢?"智者回答得很简单:"整理好你的针线筐。"

● ● ● ● ● ●

1.新的一天是在慌乱中开始的吗?

你是否遇到过这样的情况:领导让找点资料,望眼欲穿,累得手脚麻木,就是没有半点眉目;为了一张工作照片,翻箱倒柜就是一无所获;会议马上开始了,文件却不翼而飞;上班要迟到了,偏偏就是找不到车钥匙……当需要一件东西时,它总是不合时宜地和你玩"躲猫猫",每天都会

因为找东西而浪费很长的时间，甚至影响到工作。或许，是该改变的时候了。

高莉是一家外资企业的经理，她每天都要从办公桌子旁一大堆的书籍资料里找出自己需要的资料，每次都累得满头大汗，各类办公用品更是堆得满桌都是，乱七八糟简直不堪入目，任谁看了都会觉得像一个小型垃圾场。她的下属们被安排在一个小房间里办公，20平方米的小屋子里坐了6个人。

她们就每天处在这样一个环境里，每天上班的心情简直低落到了极点。直到公司下达了改造办公室、简化办公室布置的命令，她们才开始着手，尝试改变自己的办公环境。

首先，她们清理掉了一大堆不用的文件和书籍，淘汰掉了陈旧不用的办公设备，对20平方米的办公室也选择了彻底的改变，扔掉了所有的办公桌，换成了新奇的墙桌，活动范围一下子增大了许多，之后，她们工作的心情变得积极愉悦起来，就连工作效率也提高了许多，可谓是一举两得。

高莉无意当中的一番改造办公室行动，其实正是魔法整理的真谛。魔法整理的核心就是整理自己，把我们从各种束缚与羁绊中拯救出来，进而使自己的人生和生活化繁为简，返璞归真。在办公室中，也同样适用。

那么，怎么改造自己的办公室呢？首先需要改变和简化自己的小办公区，然后再开始着手简化整个大办公区域的布置。首先，我们改造自己的小办公区。

①工作数字化

每个公司里都有许多文件账单，这些不必呈现在纸面上的东西，我们现在需要把它们扫描，之后全部存进电脑，分别按照类型、时间分类整理。如果你这样做，那些让人头疼的整理归类文件的工作就可以省去了。当然，你一定不能忘记使用你准备好的移动硬盘把需要保存的文件备份。

②减少打印机的使用

尽量减少打印机的工作量，每次点下"打印"按钮之前，一定要告诉自己，如果决定打印，那等着我的就是接下来没完没了的书面工作。这里给你提供一个解决办法，把文档通过免费的软件转成PDF（便携式文件）格式，在会议上播放PDF，或者把PDF文件发放到每一位参加会议者的邮箱里。

③收拾占地的淘汰台式机

把淘汰过时的台式机收起来放进仓库吧，笔记本电脑占地更小，而且可以让你方便地去各处办公。

④多一些护眼的绿植

做完了上面所有的步骤之后，接下来你该给自己来点放松的时间了。你需要在自己的办公桌上放置一个护眼的小绿植，这样不仅能够缓解长期使用电脑带来的眼部压力，还能够为办公室增添一点乐趣。

当你使用了"断舍离"的方法，按照上文所说的一步一步完成，你将会发现，你的小办公区可用空间大大增加，办公效率也会像高莉一样迅猛提高。

我们每个人对于一件事情长期的关注，都会受到一定的影响，难免会降低我们的注意力。办公室的办公环境也是一样的，长时间在一个地方进行办公，难免会影响心情，因为这种单调的环境已经难以让人产生兴趣，所以定期对办公室格局进行改变对工作能有很好的帮助。整理完成了自己的小办公区之后，开始着手简化你的大办公区域。

简化大办公室的布置，首先需要思考以下几个问题：

①你在现在的工作环境待了多久了？

②你的办公室是死气沉沉还是朝气蓬勃？

③你每天来到这样一个工作环境里是什么样的工作状态？

当你能够回答出以上三个问题，好了，接下来你需要做以下准备：

①一个能够合理利用空间的创意；

②整理出办公室多余不用的桌椅。

比如，将一些闲置不用的桌椅拆分，将其改造成时尚的储物格固定在墙上，把办公桌椅按照最节省空间的方式放置等。你可以大胆地放开自己的思维，合理利用空间布局，以达到解放地面的目的。

你需要寻找到一些非常好的办公室设计公司，这样就能够参考他们的设计，合理利用于自己的办公室，为办公室增加新意。

当然，当你准备好一些实用的天马行空的创意，收拾好了多余不用的桌椅，你只需要拨通装修公司的电话，接下来的工作交给他们就可以了。当然，这装修公司在工作的时候可能有些吵闹，所以，你最好让装修公司在周六周日进行装修改造。

2.别让办公环境影响你的工作节奏

英国办公综合征研究专家奈杰尔·罗伯逊和研究人员曾对2000人进行过调查，其中约有40%的人说，他们经常因办公桌上杂乱的纸张、用品而发怒；另有35%的人说，他们正承受着背部和颈椎疼痛，而且也知道自己的坐姿不正确。可见，工作环境会对人起到条件反射的作用，让人联想到工作压力，这种情绪继而又会转移到工作环境上，使人对无秩序的办公物品无端发怒。

而反过来，办公环境清洁、整齐，工作压力则会通过感官得到改善，从而起到宣泄情绪、疏导压力的作用。

其实，将魔法整理的理念运用于办公室，目的就是让我们每天所处的环境更加清爽和舒适，让我们感觉更自在和畅快，这样我们的办公效率就会大大提高。所以，不要在你的办公桌上堆满东西，在这一点上，不妨奉行极简主义，只把最必需的物品放在桌上，其他的减掉或是收起来吧。如果你能做到每天抽出两三分钟的时间来整理一下办公桌，保持办公桌面的整洁，为办公桌减负，能提高工作时的专心程度，将对你的工作大有益处。我们可以先来清点办公桌上的私人物品，并对它们一一进行评估：

①我仍然喜欢它吗？
②我多久没有用过它？
③它仍然能代表我的风格吗？
④和它相同作用的东西有重复的吗？

相信你在思考了以上四个问题之后，心里应该有了判断，接下来你该对你的私人物品进行"断舍离"，你需要做出将它们留下、丢掉、捐出、储藏或者暂留这五种决定。我们可以看看白莹是怎么做的。

白莹是一家公司的业务员，平常的工作很忙很多，办公桌也堆得如山一般。但经过整理之后的办公桌与往常简直是天差地别。以往白莹找个文件资料什么的，需要很久才能找到，桌子总是被翻得乱七八糟。可现在她按照"断舍离"的概念对书桌的文件进行了分类整理之后，几乎所有的事情都变得顺利了许多，每天早晨她甚至再也不用早去20分钟整理开会资料，工作压力骤减，甚至仅仅在几天之内就以愉快的心情拿下了公司全年度最大的一单业绩，这对于她来说简直就是天大的收获。

白莹究竟是怎么利用断舍离的理念整理办公桌的呢？其实就是以下四步：

―― · 03 顿：整理好你的针线筐，明天才能够如约而至 · ――

第一步：断，让电线成为"隐"君子，消失在你的视线中。

办公室空间小、电脑多，各种电脑相关设备就成了办公室一大公害，暴露在外总会磕磕绊绊。对此，白莹的妙招主要是"隐藏"，藏得有条不紊。她找来一块布满小孔的木板，垂直放在桌面下方，把拖线板、路由器等通过小孔固定在木板上。这个方法的重点是把杂乱的小东西藏到视线范围之外，达到"眼不见为净"的目的。

第二步：舍，摒弃一成不变，自制DIY，桌面只留必需品。

白莹觉得她的桌子太小。她找了块废旧木板放在上面，桌面瞬间增大，然后她只在桌面上放置了整理出来的必需品。

第三步：离，告别杂乱，同类合并，分类整理，只留必需品。

白莹把小体积的办公用品首先进行了同类合并，然后自己动手制作了九宫格隔板，她按照自己平时使用的习惯将办公用品进行了分类放置。

上层：便笺纸；卫生纸；眼镜布；耳机。

中层：用隔板隔开的各种文具，主要有打孔器、装订机、刀具、钢笔水、胶棒类；另外，还放着一个指甲刀的小套件。

下层：放着U盾、扫描笔，有时候IPAD也会放在其中。

第四步：大胆创意，巧用小物。

白莹还有一些比较新颖的创意，比如常见的黑色文件夹可以用来固定数据线，两个软木塞可以做成电脑散热器。这些小创意由于成本低、操作简便，非常实用。

整理完了这些后，办公桌显然看起来要好多了。白莹所理解的"断"，即为让平日里看起来杂乱无章的电线隐藏起来，让它们消失在自己的视线里，这是一种心态上的离；她所理解的"舍"即为舍弃一成不变的办公桌面，对办公桌进行大刀阔斧的改造，让它变得多功能；她所理解的"离"，即为远离杂乱无章的抽屉，将抽屉里的办公用品和私人物品进行同类合并，分类整理。

白莹通过自己的努力使办公桌由杂乱无章变得干净整洁，收获的不仅仅是心情上的转变和工作效率的提高，最重要的是，她从学会魔法整理，最终成功为办公桌减负，她从中得到了心理暗示，认为自己既然能将杂乱的东西变得有章法，那么也就有能力战胜工作中的其他困难，从而自信心大增，工作压力得以减轻。

从现在开始，逐渐养成保持办公桌整洁的良好习惯，为办公桌减负，养成办公桌面只放必需品的良好习惯。只有这样，才能真正地与过去一成不变的办公桌彻底"断舍离"，以充沛的精力和良好的心情来迎接每一天的工作。

3.凌乱的办公桌并不代表你正在努力地奔跑

整理办公桌的过程，我们很可能会遇到很多不知道把它们放在什么地方的物品，其实也就是非必需的。它们不重要，也不会常常使用，但扔掉却怪可惜的，节俭的观念一再地告诫我们，不能随便扔，废物还要学会利用。然而，在魔法整理的观念里，该断的务必要断。既然是不重要、非必需、也许可能再也用不上的东西，为什么不能果断地扔呢？

其实，魔法整理是一种"观"，是一个自我审视的过程。在这个过程中，我们会发现哪些东西是自己真正需要的，哪些东西是需要收起来的，而哪些东西是自己再也不可能用上的，是需要扔掉的。

HB公司一直以高效工作著称。他们有这样一种做法，就是只要会议结束以后，就会将会议上分发的资料通通收集起来集中废弃。该公司负责人认为，那些打印的纸质资料的作用就是帮助大家在会议上进行讨论、决策，会议结束，决策完毕了，那这些资料就没有存在的价值了，不必耗费精力去保存，不如统一收集，集中处理，这样既节约了存放空间，又使工作环境简单、高效；同时，这些大量的纸质资源又可以回收利用。

对于那些打印的纸质资料，如果过期了，就没有必要耗时耗力地去保存了。既然是打印资料，电脑上一定会有原始的电子文件，那就没有必要同时保留电子版和纸质版，所以，对于那些电脑中已有备份的打印资料，一定要毫不留情地废弃。名片、账单、杂志、照片、书籍、广告彩页、活动企划书……好好清理一下吧，不再使用的那些玩意儿，统统扔掉才是正理。

闫莹的办公桌上堆满了各种东西，有些甚至是根本没有用的，比如坏掉的U盘、过期的陈旧杂志、报纸、缴费时的账单、用过的笔记本等。她总觉得这些东西丢了挺可惜的，哪怕这些东西再也用不到了，她也不舍得丢掉。

闫莹学到"断舍离"的整理术后，深以为然，有些东西还真的就如同鸡肋一样，扔掉可惜，留着占地，就像她收集的那些不可能再看的杂志和报刊一样，明知今后翻阅它们的可能性几乎为零，但还是把它们放在储物柜里。

闫莹决定运用"断舍离"整理术对自己的物品进行整理。首先，她用扫描仪把自己喜欢的文章扫描成电子版本，把它存到电脑中。接着，她找到了一些可以捐杂志的地方，把杂志整理到一起，准备在有时间的时候给那些收过期杂志的地方送过去。接下来，她扔掉了不准备退货的商品收据，以及缴费时不需要用的收据，把一些可能会继续用的收据用扫描仪扫描下来，存在了电脑里。

闫莹翻了翻抽屉，发现自己抽屉里还有许多零食，她仔细查看了保质期,把过了保质期的零食都拿了出来,和那些不可能再使用的笔记本放到了一起。

闫莹的储物柜里还有一些舍不得扔的卡片和小礼物,她把那些小礼物转送给了同事们,然后,她用自己舍不得扔掉的旧卡片粘了一个漂亮的盒子,她把自己所有要扔的东西都放在了这个盒子里,然后与它们说了声再见,扔到了垃圾桶里。

清理掉了那些自己不可能再使用的物品,闫莹觉得心情轻松了好多。

要区分有用和无用,扔掉还是保存,我们可以把物品分为三类:一类是自己未来有可能用到的,我们需要把这些东西收起来;一类是自己一定会用到的,我们需要把这些东西留下来;第三类,我们在慎重思考后确定不再会有使用机会的东西,可以扔掉。

要想判断一件东西该怎样处理,这里有三个小准则供大家参考:

①是不是已经用过了?

②是不是重复的、可替代的?

③今后还会不会用得到?

当然,前面两点很容易判断;对于第三点,很多人判断起来就有点困难了。不止一次地听周围的人抱怨,我以为没有用了,顺手就扔掉了,后来再想用的时候就没有了,有点后悔啊!

所以，建议大家，当你无法判断一件东西是否还有用的时候，就"暂时保留"。如果一年以后，这件东西还是没有用过一次，那就下决心扔掉吧，不要犹豫。这样，你的办公桌会越来越干净，越来越整洁，你找东西的时间会越来越少，你的工作效率当然就会越来越高了。

4.给你的物品归档，别再花时间来找东西

郭雪芙大学毕业后就进了这家策划公司，三年来没挪过窝。最近有个消息传来，说老总要去另一个城市创建分公司，要找一个得力的人接替他。同事们私下里互相打趣，说郭雪芙也是内定人选，她一笑了之。其实大家都觊觎那个位置，但都知道自己不可能，因为那个位置差不多已经有了人选，是策划天才高雪峰。他一来公司，就以过人的天赋和非凡的创意，做了几单让大家瞠目结舌、望尘莫及的大业务，老总的位置非他莫属。

公司临时有个重要的生意要谈，策划方案一直都是郭雪芙在做，老总差人通知郭雪芙，让她把这个月以来给客户做的那五份提案都带上，以防万一。郭雪芙一听慌了神，她的办公桌可不是一般地乱啊，还要把这个月做的所有的提案都带上做备案，她怎么可能找得到！

——· 03 顿：整理好你的针线筐，明天才能够如约而至 ·——

郭雪芙疯了一样地在办公室里翻找，却只找到一份策划案，之前做的那四份早就不知道扔到哪里去了。郭雪芙拼命地在电脑中查找，可始终没有从电脑上找到任何以往完成策划案的痕迹。这时，老总在外面叫她出发。在这个节骨眼上，如果老总知道她把公文弄丢了，一定会很生气的。

郭雪芙硬着头皮跟上老总，边走边强迫自己冷静下来。目前能立即补救的唯一办法是她能回想起那四个策划方案。案子都是她做的，具体是什么想法，如何执行的细节她基本都记得，她打算拼一把，在方案会上彻底脱稿。

上了谈判桌，除了郭雪芙，所有人都从公文包里拿出了纸和笔，只有她面前空空如也。郭雪芙双手交握放在桌上，尽量使自己平静下来，因为她要背出那长达一万多字的策划方案，虽然那一万多字都是她亲笔写出来的，但她还没尝试过去背那些内容，可现在别无选择。

对方一个副总发现了问题，问郭雪芙："你的策划方案呢？"

"在我脑子里。"郭雪芙笑着说，"我今天决定脱稿把我们的策划方案讲出来，因为我们对这单业务胸有成竹、志在必得。"

就在这时，老总让秘书把他提前准备好的策划方案送到了客户的手上。郭雪芙见状，脑子越发混乱，说话开始结结巴巴。就见老总站了起来，口若悬河，妙语连珠，谈判桌上一改方才的沉闷空气，气氛变得活跃轻松起来。

不出任何意外，客户对于策划方案很满意，很顺利地把合同签好了。

中午的宴会上，对方的老总特意走到郭雪芙和老总面前，向老总敬酒，他说："你知道吗？我们本来想给你们再压压价的，因为另一家公司做的策划也不错，而且报价比你们低三成。如果你们不同意我们的价格，我们就会找他们。但是你精彩的陈述打动了我，原本我以为我们的案子您不会亲自出马，没想到您对工作如此敬业，实在是佩服！"

宴会结束，郭雪芙和老总坐车回去。老总在口袋里摸了摸，递给郭雪芙一串钥匙，说："这是我办公室的钥匙，你明天就可以搬过来了。"

郭雪芙愣住了。老总说道："我决定让高雪峰接替我的位子，但他需要一个助手。"

郭雪芙一听，顿时变得垂头丧气："为什么？"

"因为你今天的表现令我很失望。"

郭雪芙忍不住说出了实话："这真是阴差阳错，总经理，您不知道，今天这样的表现完全是个意外，我没找到之前的策划方案，在谈判桌上就乱了阵脚。"

老总笑了笑，说道："我之前也让高雪峰陪我见过一次客户，我让他带上给客户之前做的所有策划案做备份，他都做到了，今天看了你的表现，让我很失望，这也是我选择高雪峰的原因。"

郭雪芙几乎难过得快哭了："就因为我没有把之前做的策划案拿出来，我就只能做高雪峰的助手？"

老总说："高雪峰和你的差别在于，你只是个很优秀的业务员，但他却是个很优秀的老总。"

后来，郭雪芙才知道，老总从一开始工作，就养成了把自己的物品和文件放置在固定位置的习惯，他从来没有丢失过任何一份文件，就算是打扫卫生的阿姨不小心动了他的文件，他也会很快察觉。而高雪峰也有着同样的工作习惯，这也是老总和高雪峰工作高效的原因。

郭雪芙收起了自己的不服气，认真地做着高雪峰的助手，虚心地向高雪峰学习着工作经验。

设定好物品在工作空间中的位置，别再花时间去寻找它。故事中的郭雪芙因为没能够找到之前给客户做的策划方案，从而错失了总经理的位置。然而，有许多像郭雪芙一样的人，对自己的物品随意摆放，文件随意丢弃，从来没有想到过要把自己手头的物品和文件放置在固定的位置。

故事中的老总和高雪峰都能够有条理地整理自己的物品和文件，把它们放置在固定的位置，当临时需要的时候，他们能够在第一时间很快拿到所有的资料。

这就要求我们合理配置办公桌的空间，划分区域，将物品归位，每种物品要有属于它的专有位置，才能不胡乱摆放，才能"需要什么东西，立马就能够拿到"。所以我们还要像一个建筑师一样，为一片区域划分空间，使每一块空间都有它特定的用途。每次用完一件东西后，就放回原位，而不是随处摆放，这样才能长久地维持桌面整洁。

我们可以把办公桌划为六个区：

左上区为资料区，这里放一些日常会用的普通资料，远离水杯。中上区，为功能区，这里用来放一些常用的办公用具，比如订书机、笔筒、台式机的显示器等，当然，你的笔记本电脑也可以放在这里。笔和水杯也是可以的。

右上区为书籍区，这里放一些你常用的工具书，注意随时清空，只放此刻要用的书籍，不用的书要放回书柜。电话为方便接听，可以放在这里。

左下区为重要区，这里放一些比较重要的资料，方便随时查阅，远离水杯。

中下区为写字区，这是你的自由区，也是你的主活动区，打个盹或是午饭有可能都在这里解决。

右下区为临时区，这里你可以放一些临时要用的东西，记得随时清空这片区域。

我们只需要把桌面清空，将物品分门别类地放到各自的区域，整个整理过程就完成了，是不是很有成就感呢？一个小小的改变，就会使工作变得简单，这就是断舍离的威力。

从现在开始，逐渐养成保持办公桌整洁的良好习惯，为办公桌减负，养成办公桌面只放必需品的良好习惯，只有这样，才能真正地与过去一成不变的办公桌彻底断舍离，以充沛的精力和良好的心情来迎接每一天的工作，提升工作效率。

5.花费宝贵的时间找文件，实在是让工作变得很无趣

我们常在童年时期就被教育，东西用完以后要放回原位，为什么长大了，反而做不到这一点呢？一个很重要的原因就是没有养成习惯，或者说是没有制定好规则，忘了该把物品还原到哪里。

在洗手间里，妈妈看见儿子牛牛的牙刷被扔在漱口杯外面非常生气，把牛牛叫到身边，不满地说："牛牛，你的坏习惯怎么老是改不了？看，又把牙刷放在外面了。我不是跟你说过牙刷用后要放到杯子里吗？"

牛牛正在想问题，听见妈妈的话心不在焉地回答："知道了。"

妈妈见儿子反应平平，知道刚才说的话并未引起他的重视，于是冲他喊道："听着，牛牛，你必须把牙刷放进漱口杯里！"

牛牛极不情愿地走进了洗手间，放好了牙刷，转身就走。

"记好了，以后再也不要忘了。"妈妈再次强调。

"知道了。"

第二天，牛牛在刷完牙后，仍旧是把牙刷随意地放在了一个地方，妈妈看在眼里，却什么也没说，反而是偷偷地把牙刷放到了另外一个地方。

第三天，牛牛正准备刷牙的时候，却四处找不到牙刷，他只能向妈妈求助，谁知妈妈却疑惑地望着他，说道："你想想昨天你把牙刷放到了哪里？"

牛牛仔细地回想着，仍然记不起来自己把牙刷放到了哪里。

自己必须要对自己物品放置的位置了若指掌，否则你将会像牛牛一样，对自己的东西失去掌控。在工作中，很多人经常会随手把文件一扔，当需要它的时候，又开始四处翻找。这种行为是不对的，从今天起，你需要与自己过往对待文件的态度断舍离，你需要学会整理文件，不管这听起来有多么枯燥无趣。如果起初就制定好规则，设定好物品的摆放位置，养成习惯，彻底执行，那样是不会出现半天都找不到自己的东西的情况的。所以，养成习惯很重要。提高自制力，制定好分类和保管的规则后就严格执行，比如，手机的摆放位置、合同应该存放在哪个抽屉等，一次记不住，下次再记，反复几次，养成习惯后，一切就水到渠成了。

"欧阳珊，我需要的培训资料什么时候能给我？"

老总在欧阳珊的办公桌前等着欧阳珊找文件，一副极不耐烦的模样，他已经站着等了十分钟，而欧阳珊已经快把桌上的文件翻遍了，还是找不到培训资料，这资料是她千辛万苦从别的公司的培训资料上拓印下来的，没有电子版。

老总气冲冲地离去了，而欧阳珊才从办公桌的缝隙里找到了掉在地上的培训资料,她急忙追了上去,而老总已经坐电梯下楼了。

没过多久,欧阳珊从业务部门调到了后勤部门,专门负责给同事们端茶倒水。欧阳珊打算辞职,她心情很低落,偷偷地下楼,独自一人坐在公司楼下的座椅上,一点上班的心情也没有。

老总下来送客户,看到欧阳珊在喝闷酒,他走过来坐在欧阳珊的旁边。

老总问:"欧阳珊,你是不是因为我给你调岗的事不开心?"

"我打算辞职了。"欧阳珊心情很低落。

"太可惜了,我原本打算让你做我的助理。"

欧阳珊听到老总这么说,瞪大了眼睛。

老总笑着说:"我原本打算让你在后勤部门待一段时间,好好学习一下如何有条理地工作。你难道没有发现,虽然你的工作很出色,也替公司拿过许多大单,但是,每次我让你处理文件,你光是文件都要找半天。你需要学会将文件分类,学会整理好它,这才是我把你调去后勤部的真正用意。"

欧阳珊点了点头,回到了办公室,她看着桌上杂乱的文件,开始进行大刀阔斧的整理。

在忙碌了三个小时后,欧阳珊终于把自己手头的文档都整理好。此后,她有意识地开始整理文档和工作,她发现自己的工作越来越有条理性,几乎很少再出错。

一个月之后,欧阳珊被调到了总经理办公室,成为了总经理的秘书。

如果你有过和欧阳珊一样的经历的话，你就会体会到，尽管你平日里工作有条不紊，深受老板和客户的赞许，可如果在关键时刻"掉链子"，会让他们倍感失望。倘若你的工作是帮助别人，而你需要的信息总是找不到，那会浪费别人多少时间啊。

可能有时候要处理像洪水一样多的文件、报告、图表，这个时候，先不要着急，你需要准备以下几样东西：

①档案袋；

②曲别针；

③签字笔。

是的，只需要这三样东西，整理文件其实并没有你想象的那么复杂，你只需要花时间先把文件按照类型分类，然后再用曲别针把他们整理起来，按照使用的时间先后放在档案袋里即可。

接下来，需要整理工作邮箱里的文件。很多时候，当你从同事、卖方、顾客发来的电子邮件里接收到一个文件时，很容易就想把它暂时放起来；你很多时候会忘记自己把文件存放在哪里，或者更糟糕的是直接把邮件留在收件箱。过不了多久，这种邮件越积越多，越来越乱。你以后根本不可能抽出时间来重新整理它们，更不用说当你工作计划繁忙，有很多其他事情的时候了。

所以，你从现在开始，需要把这样的文档统一下载，然后按照类别整理分类，当然，你需要给你的文件和文件夹统一命名。例如：可以将文件夹分成"顾客""卖方"和"同事"三个子文件夹，在前面标上简写的名字用于区别它们隶属于不同的文件夹。另外还可以为不同的文件夹设置不同的外观使他们变得更容易区分。

把有关的文件存在一起，而不去管他们的格式。举个例子：把与同一个项目有关的Word文档、PPT、图表放在一个文件夹里，而不是一个文件夹装所有的PPT，另一个装所有的图表。这样，找某个特定项目的各种附件将更加快捷。

当然，对于整理文件，你还需要了解几个问题：

①不要保存不必要的文件；

②给你的文件和文件夹统一命名，比如客户、同事之类；

③把正在处理的文件和已经处理过的文件分开，比如完成和未完成的；

④不要让文件夹里装得太满，如果文件多，你需要建立子文件夹；

⑤记得备份你的文件归档系统，以防丢失。

花费宝贵的时间找文件实在是让工作变得很无趣，也会给你带来很多压力。从现在开始，与这样的工作状态断舍离吧，采用这些简单的关于文件归档整理的技巧，建立一套适合自己的文件归档系统，应用于生活之中将让你的生活更轻松。

6.你有没有想过,你的电脑也该减肥了

空间对你的电脑来说是重要的。你的家里有房间,你的电脑也一样需要房间。你在查看电子邮件时,就进了邮件房间。你在上网浏览网页时,就进了另一个空间。你在电脑桌面创建文件夹时,你也就创建了一个新的房间。所有这些区域都有能协助你工作的各种功能。然而,当你的邮件房间里充满了太多没有回复的或早已看过的邮件时,当你的电脑桌面布满了各种过期的、没有用的文件夹时,这些空间里的杂物就影响你,会使你陷入一种混乱、喘不过气来的状态。结果,你为自己创造了许多问题,生活不再顺畅,思路不再清晰。

你的电脑需要除草,就像你生活中其他的空间一样。电脑中任何没用的东西都是杂草,你与电脑互动的方式正使你的生活陷入困境和失望之中。

素衣单位的电脑最近罢工得特别"勤快",每当素衣正在做事时,电脑不是自动重启就是彻底死机,让她的工作半途而废,很多时候素衣的工作只能重新再来,对她的工作进度造成了很大的困扰。

对于电脑重启这个问题,公司专门负责修电脑的同事也帮忙看过,他说素衣的电脑有病毒,可他们几乎用尽了所有

的办法，电脑里的病毒还依然存在，极为顽固，素衣好几次都想给电脑重新做系统，可由于她电脑里有许多的重要文件，已经买的硬盘还迟迟没有到货，素衣也只能硬着头皮等了。

可就在等硬盘到货的日子里，素衣的电脑基本上半个小时就会重启一次，弄得她什么事也干不成。是可忍，孰不可忍，她决定自己先把电脑整理一番。

首先，她把电脑浏览器里收藏的网址重新筛选了一遍，把重要的留下，不重要的删掉；其次，她清理了下自己电脑里安装的应用软件，把常用的软件名字记了下来，把所有的软件全部卸载；最后，她重新下载了常用的软件，把这些软件都安装到了电脑的D盘里，解放了C盘。

被素衣这么一折腾，电脑竟然变得快了起来，竟然再也不死机了，不自动重启了，这简直是太令人惊喜了，素衣在移动硬盘到了之后，再度清理了电脑里的文件，把不再用的文件都删掉，有用的都备份到了硬盘里，电脑里只留下了现阶段有用的文件。

奇迹出现了，素衣的电脑变得飞快，工作效率得到极大提高。

素衣清理了电脑里多余的软件，把日常安装的软件转移到了D盘，这是一种清理电脑空间的办法，也是一种断舍离，然而，对于那些电脑里软件少的人来说，应该怎样对电脑进行断舍离呢？

首先，我们需要学会一些小技巧：

①只装一个主杀毒软件，装多个会占用电脑资源；

②给浏览器来个"瘦身"。打开网页→点击最上面一排里的"工具"→"Internet选项"→Internet临时文件中的"删除文件"→在"删除所有脱机内容"前的方框里打上钩，然后，点击确定，坚持每天清理一次，这样可以为电脑提速；

③一星期对电脑里的所有盘进行一次整理。点击左下角的"开始"→"所有程序"→"附件"→"系统工具"→"磁盘碎片整理程序"→"C盘"→"碎片整理"，你只需要在清理完成后点击关闭就可以了。另外，你可以按照以上的方法，分别对D、E、F盘做一次整理；

④定期对电脑内的灰尘进行清理。这是因为聚积的灰尘有可能影响CPU散热，导致运行速度变慢，甚至导致电脑死机，硬件损伤。解决办法就是在电脑关机后打开机箱，用吹风机冷风吹，以达到除尘的目的；

⑤电脑桌面上的东西越少越好。虽然在桌面上方便些，但是要付出占用系统资源和牺牲速度的代价。解决办法就是将桌面上的快捷方式删除，将不是快捷方式的其他文件移到D盘，C盘只放WINDOWS文件和一些必装C盘的程序；

⑥删除多余的字体文件。字体文件占用系统资源多，并且占用硬盘空间也不少。可以进入C：\Windows\Fonts目录，就能看到你所安装的所有字体，把视图模式改为大图标就能看出来你所需要删除的某种字体，找到该字体后打开右键菜单，点击删除就可以了；

⑦关闭自动更新。点击"开始控制面板"→"Windows Update"→"更改设置",把重要更新下选项改为"从不检查更新",即可禁用windows自动更新。

安装一个安全卫士软件,就可以轻松实现电脑的垃圾清理、杀毒、释放电脑内存、结束正在运行的多余程序、减少开机项等,这些都是给电脑"瘦身"的好办法。

7.下班了,也让你的办公桌愉快地下班吧

"反正明天还要接着做,先放这儿吧!"相信这是很多人内心的想法。于是大部分人的做法是,下班铃声一响就停止工作,把手头上用的东西直接摊在办公桌上,一走了之。但是,这样的习惯往往会给工作造成极大的不便,甚至导致工作的重大失误。

苏瑞从23岁开始上班,到现在不知不觉已经5年多了,她的办公室也换了好几次。当然,伴随着办公室的更换,地位也在一次次升高。

苏瑞在第一个办公室从2008年呆到2012年。那是一个老式的办公室,一间房子里挤了三张办公桌还有两个电脑桌,苏瑞就坐在最旁边的一张办公桌上。这也是她踏入社会以来

的第一个真正意义上的办公室,她非常珍惜自己的小空间,每天都坚持整理自己的办公桌,绝对不会让办公桌乱糟糟的就下班走人,所以一上班她就可以迅速投入工作。她还带一些小绿植放在电脑旁边,那段时间,苏瑞每天上班心情都很不错。

2012年苏瑞搬到了第二个办公室。这是一个新式的大办公室,里面有供普通职员使用的十数个小隔断,还有供部门主管使用的两三个大隔断。她选择的是靠近门口的一个小隔断,以方便进出。在第二个办公室工作期间,苏瑞变得忙碌起来,每天都是最后一个下班。因为忙,也因为累,她总是想着明天接着工作,就任由办公桌也保持工作状态不加收拾就下班离开了。每天来到办公室,她做的第一件事,就是把昨天堆在桌面上的文件推开。但就是这个小习惯,险些给公司造成了重大的损失。

这天她又没有收拾她的办公桌就下班走了,不想第二天早晨路上耽误了,她没能像以前一样在上班前赶到公司。更不巧的是,一位客户到公司来,经过门口她的办公桌时,被她桌上的一份文件吸引,忍不住多看了几眼。通过这份文件客户了解了公司的底细,在谈判时使苏瑞的公司处于极为不利的状态。最终,公司不得不让了一大步,才勉强留住了这位客户。

这件事让苏瑞差点被炒鱿鱼,也让公司制定了一项严格的制度,就是每一位职员都必须整理好自己的办公桌后再下班!

── · 03 顿：整理好你的针线筐，明天才能够如约而至 · ──

可见，不收拾桌面就匆匆下班，是非常不明智的行为，甚至是一种不负责任的行为。因为这会导致泄密，这是所有公司都不能容忍的。所以，千万别以为因为明天还要用，今天就不用收拾了，任由所有文件都摆在桌上就下班走人。这除了有泄密的危险，还会给自己第二天的工作造成很大的困扰。因为第二天你的工作很有可能会被新的安排所打乱，你不得不花时间来整理昨天留下的乱摊子，工作效率自然就会降低。因而，在下班之前，把办公桌上的东西清理干净后再回家，务必将使用过的资料放回办公桌抽屉中原来的位置，并且长期保持这样的习惯。

将所有东西都归零也是调整心情的一个过程，它能让你回家后不再考虑工作，不然就很容易将工作上的压力和心情带回家。回到家里，你满脑子仍然是工作中的事情，做什么都会精力不集中，拖拖拉拉，也会影响家庭氛围和夫妻感情，造成恶性循环，影响第二天的工作效率。所以，将办公桌清理干净，轻轻松松地回家，休息好了，第二天才能以更好的精神状态迎接工作。将办公桌"归零"，不仅可以为当天的工作画上句号，也有利于第二天在整洁的办公桌上展开工作，相信没有人愿意一大早就看到一张凌乱不堪的桌子！如果从清晨开始，面对一张整洁干净的办公桌，心情自然而然地就会好起来，就会以一个全新的状态投入到工作中去。

科学调查显示，如果你能做到每天抽出两三分钟的时间来整理一下办公桌，保持办公桌面的整洁，能提高工作时的专心程度，将对你的工作大有益处。学会断舍离，就是要今日事今日毕，把今天的工作了断在今天，不拖泥带水，不缠杂不清，明天又是一个全新的开始，这样才能保持每一天的高效率。只有养成保持办公桌整洁的习惯，坚持每天对办公桌进行整理后再下班，每天上班都会有一个全新、整洁、美好的工作环境，才能以充沛的精力、良好的心情，来迎接每一天的工作，让每一天都有高效率。

首先，我们需要对自己的办公桌上的物品进行断舍离，对它们做加减法。

不管你所任职的公司规模有多大，办公空间有多大，你总会有一个完全属于自己的空间——办公桌。这张桌子或大或小、或高或矮，但它是你的私密空间，别人无权干涉。可若用得着用不着的东西都摆在桌面上，影响了办公环境不说，势必也会耽误工作效率，这样浪费时间伤不起。所以整理办公桌的行动迫在眉睫，提高工作效率的大门也急需开启。

首先，需要做到以下几点：

①把必需品留在桌面。必需品必须如同你的钱包一样，放到你触手可及的地方，随时用随时取，比如电脑、笔记本、每天都要翻阅的资料等，减少取东西时所需的线路，高效自然降临。

②有用无用，交给时间。初步整理时难免会遇到这种情况，不知道手中的东西到底有用没用，所以犹豫不决。面对这种情况，一切就交给时间吧，如果这个东西你已经两三个

月没有用到它，那么就舍弃吧；若不知道以后会不会用得到，你可以再留在手中一个月，如果它仍旧没被动用，那么可以考虑把它"辞退"了。

③舍得丢弃。没有利用价值的东西要断然让它沉睡于垃圾桶中，不能因为它好看或是曾经让你留恋就一直恋恋不舍。要知道，太多的无用品可是会成为你升值加薪的绊脚石。

④一定会用到但偶尔会用的物品一定要收起来。这类物品一定会有用武之地，但不会经常征战职场，所以只要把它们集中放进抽屉或者收纳盒中再适合不过了，省心又省了空间。

这样的分类简单易操作，不会耽误太多时间。而你也不用为了找一把剪刀翻箱倒柜了，更不会一会儿被别的东西吸引或分心。人在职场，效率最具有话语权，找一个好的开端，开始过有序的职场生活。

04 删

心不赘物，在繁杂的世界里简单的活

> 你可以享受金钱，尊重并使用它，合理地规划你的花销。没错，你还可以梦想拥有更多的金钱，但你要记住，千万不要为金钱而活。

● ● ● ● ●

1.心不赘物，自在逍遥

我们总是将快乐简单地定义为欲望的满足，认为只要得到了自己想要的东西，完成了心愿，就可以获得幸福，而欲望的满足常常又定义在荣华富贵这些浮世的繁华之上。一个人养活自己很容易，但要想养活自己的欲望就会很困难。我们之所以常常感到不快乐和幸福，是因为自己的欲望不断在膨胀。我们渴望得到更多，渴望拥有更多，所以永远都在不

04 删：心不赘物，在繁杂的世界里简单的活

知足中苦苦挣扎，永远都在为自己的富贵计划而烦恼。这样一来，人生自然就难以快乐起来。

还记得莫泊桑的小说《项链》里的女主人公玛蒂尔德·骆塞尔吗？她住着寒碜的房子，却梦想着幽静的厅堂；她吃着"好香的肉汤"，却梦想着名贵的佳肴；她有路瓦栽的呵护，却梦想着最亲密的男友；现实和梦想的落差很大，可谓"心比天高，命比纸薄"。有人说幸福是以梦想作分母以现实作分子的分数。这样看来，玛蒂尔德作分母的欲望数值太大，所以幸福值是很低的。因此，她整天生活在痛苦之中，但显然这痛苦是她自找的，可谓木匠作枷——自作自受。

玛蒂尔德为了参加舞会而向有钱的女朋友借来"钻石"项链，从而在舞会上大出风头，让自己膨胀的虚荣心得到了最大限度的满足。但乐极生悲，项链的丢失使她不得不用十年的节衣缩食和艰辛努力来偿还债务。于是她辞退了女仆，迁移了住所，生活由温饱型变成贫困型，她本人也由夫人变成了平民妇女。等她还清所有债务后，才得知所丢的项链是假的，才得知她为一串才值5法郎的假项链付出了十年的艰辛，消磨了十年的青春年华。

试想，如果当年参加那个舞会，玛蒂尔德听她丈夫的话，简单戴上几朵花，或者干脆什么都不戴，简简单单地去享受那份愉快，那么之后的人生肯定是大不同的，强烈的虚

荣心毁掉了她的一生。

纷繁的都市生活，让女人们越来越追逐时尚，而名牌往往是时尚的领头羊。女人都沉迷于购买大牌包包、高档服装、名牌化妆品、高端手机、名品相机等，这些都是女人们无法抗拒的诱惑。

而拥有了这些的女人们，真的幸福吗？也许她们不过是物质的奴隶。

华丽的服饰是可以装点女人的，使美丽的女人锦上添花，普通的女人增加亮采，而服饰终是外在的东西，只能起到装饰作用，只能做女人的配角。

几个年轻人一同外出度假，在海边他们看见一栋5层的小旅馆，他们决定在这家旅馆过夜。

旅馆的门童向他们解释道："我们一共有5层楼，你们可以一层一层地走上去，一旦觉得某一层的设施令你们满意，你们就可以停留下来。为了帮你们做出决定，我们在每一层楼都立了块告示牌，上面写明了这一层都有些什么。但是要记住，一旦决定住某一层，就不能再反悔。"

年轻人听明白这规则后，都很感兴趣，他们走进了旅馆。

在第一层楼，他们看到告示牌上写着："这里的房间床板都很硬，地毯也是旧的，而且没有上门早餐的服务。"看了这个，年轻人哄笑起来，他们毫不迟疑地向楼上走去。

第二层的告示牌上写着："这里的房间还好，床板不太硬，地毯半新，但没有上门早餐服务。"这个当然也没能留住几个年轻人的脚步。

他们行进到第三层楼，告示牌上写的是："这里的房间很舒适，床很软，而且还有上门早餐服务，惟一不足的是地毯有些旧了。"

这个看起来不错，年轻人讨论着，可是上面还有两层楼呢。于是，他们还是放弃了。

到了第四层，这一层的告示牌上的内容几乎是完美的："这里不仅房间舒适，而且所有用品都是新的，并且，明早会有上门早餐服务，我们还会送您水果。"

这一次，年轻人都非常感兴趣了。他们商量了一会儿，结果却没有达成一致，因为有人还想到第五层看看。

他们终于来到了第五层，然后，他们都傻眼了，这一层空荡荡的，连一个房间也没有，告示牌上写着一行字："这里没有房间，更不用说一个舒适的夜晚。设置这一层楼的目的只是为了玩笑，但遗憾的是，您是又一个被玩笑捉弄的人。"

中国的禅宗有一种大智慧，认为人的物欲把人引向了歧途，使人变成了苦役犯。因而它主张驱除欲望，体味真的生活。禅诗云："春有百花秋望月，夏有凉风冬听雪，心中若无烦恼事，便是人间好时节。"这意思是不为物欲所累便能获得幸福。中国世俗圣贤中也不乏这类觉悟。当年孔子夸奖他的学生颜回，说"一箪食，一瓢饮，在陋巷，人不堪其忧，回也不改其乐"，这是说人生命本来的喜悦绝不是贫困所能剥夺的。

两个僧人从山间走过，看到一位隐士正在耕田，僧人说："我们特地来拜访您，因为您是一个有大智慧的人。我们都知道，您曾是宰相，在最鼎盛的时候自愿离开朝廷，在这里隐居。我们想知道，是什么让您愿意过这么简朴的生活？"

隐士说："家财万贯，一日不过三餐；广厦万间，夜眠不过三尺。我有什么放不下的？如今我每日怡情养性，著书立说，过得是最逍遥的日子。"僧人听了不禁感叹："这是智者才说得出的话啊。"

隐士认为他简朴的生活逍遥快活，就像当下流行的极简生活：人生只需吃能够解决温饱的饭，无需山珍海味，无需满汉全席；人生只需住可以容身的房子，无需雕梁画栋，无需广厦千尺；人生只需要穿可遮蔽身体的衣服，无需锦衣华贵，无需珠饰环佩。这样的生活对于多数人而言未必会很精彩，但是一定也能够从中找到最纯的幸福。

我们常常昂首去寻找天际的风，却不知风正在指尖缠绕流走，正在周身游弋飘荡。其实，只要心不赘物，那么人生就不会被外界的繁华世界所束缚，只要心境淡薄，那么自在逍遥就会无处不在。

2.人生如糖果，心无所欲皆是般若

复杂是生命的一种痛苦，简单是生活的一种美好。

生活是复杂的，然而我们却能选择简单的生活方式。过于在意生活中的繁杂，那么生活就变得繁杂，万事看得简单一些，自然就能找到一种简单的生活方式。将万事看得淡一些，不要为自己的生活添加太多华而不实的点缀，那些只能成为生活的负累。

生活也好，感情也罢，看得简单，便是简单，如果时常担心忧虑，那么就感受不到幸福所在。不要为那些事情而忧虑，万事看开一点儿，也就自然简单一点儿，爱也好，生活也好，都会变得很简单。

人们总是弄不清楚什么才算幸福，于是总觉得自己离幸福还有距离，所以想尽办法去追求看不见的"幸福"，结果，这除了让我们的生活变得极其忧虑复杂外，没有任何改善。其实，幸福就在我们身边，只要少一些物欲，学会让内心满足，让自己的生活变得简单一些，就能把握住幸福。

一个阳光明媚的上午，爱因斯坦刚要走出办公室，助手过来告诉他说："有人想请你周末去做一次演讲，报酬是一万元。"

爱因斯坦没有丝毫的犹豫，便一口回绝："我周末有安排,没时间。"

"难道您不能少给苏菲补一次课吗?"助手知道他每个周末都去给读初中的小女孩苏菲辅导数学。

"不能,我还想着她的糖果呢。"爱因斯坦笑眯眯地说道。

"她的糖果就那么甜吗?"助手不明白他对那个偶然认识的、并不知道他名字的小女孩为何那样用心,宁可推却许多为自己赢得更大声誉、赚得丰厚报酬的讲座、报告或社会兼职,也要风雨不误地去给她辅导数学。要知道,苏菲付给他这位"数学特棒的老头"的报酬,就是将她的糖果分一半给他。

这一天,看到爱因斯坦又满面春风地从苏菲那里回来,助手忍不住好奇地问他为什么那样高兴。

爱因斯坦自豪地告诉助手:"今天,苏菲的老师夸奖了她,说她数学有了不小的进步,说她找了一个优秀的家庭教师。小姑娘也特别高兴,特别奖励了我一把糖果,这让我感到特别地愉快。"

后来,在爱因斯坦的日记中,人们又看到了他对这件小事的重视——他说苏菲那天送给他的那把糖果,只是拿在手里看着,心里就有一股特别的甜味儿。它带给了他无比的快乐,带给了他十分珍贵的财富。

原来,在这位闻名遐迩的大科学家眼里,小女孩灿烂的笑容和一把普通的糖果,就是甜润生命的最好的甘泉。的确,人生是一把糖果,那一把糖果散发出最淡也最持久的芳香。

04 删：心不赘物，在繁杂的世界里简单的活

快乐有时候真的很简单，一箪食，一瓢饮足矣，没有必要用富贵来装饰和渲染，有钱人过着有钱人的生活，体味着有钱人的幸福，但是贫穷者可以过着贫穷人的生活，体验着贫穷人的幸福。没有人的幸福会被剥夺，或贫或富，快乐并没有区别，只要心里觉得舒服，只要心里感到满足，这就足够了。物质生活的一切装饰有时候显得虚伪和多余，而平凡生活中的快乐和幸福反而来的更为真切纯粹，更能够打动人心。

一个国王有一个独生子。国王很疼爱王子，视若掌上明珠。可这个王子总是郁郁寡欢的，整天站在阳台上，看着远处。

"你还缺什么吗？"国王问他，"你到底怎么了？"

"我也说不清，爸爸，我自己也不清楚。"

"你恋爱了？如果你想要哪个姑娘，告诉我，我会安排你们结婚的，不论是世界上最强大的国王的女儿，还是最穷困的农家女子，我都可以给你解决！"

"不是，爸爸，我没爱上什么人。"

国王想方设法为儿子解闷，戏剧、舞会、音乐、歌曲都毫无效果，而且王子脸上的红润一天一天消退。

国王只好发出命令，从世界各地来了许多最有学问的人：哲学家、博士、教授。他让大家见了王子，然后征求大家的意见。这些人退出去想了想后，又来见国王，说："陛下，我们想过了，并研究了星象，必须这样做：找到一个非

常快乐的人，这个人，从无烦恼，也无奢望，然后把他的衬衫跟王子的交换一下就行了。"

当天，国王就派出使者到世界各地寻找这个快乐人。

一个神父被带了回来，国王问他："你快乐吗？"

"很快乐，陛下。"

"那好。你愿意成为我的主教吗？"

"那可太好了，陛下！"

"出去！快滚出去！我找的是一个安于本分的幸福的人，而不是一个不满于现状的人。"

国王又开始等待下一个快乐的人。他听说邻国有一个国王，那真是又幸福又快乐。他有一个善良美丽的妻子，子女成群，曾在战争中打败了所有的敌人，现在国泰民安。满怀希望的国王当即派出使者去向他求讨衬衫。

邻国国王接待了使者，说："对，对，我什么东西也不缺，可悲的是一个人拥有了一切，却还得离开这个世界，抛弃这一切！每次这样一想，我就深感痛苦，夜不能寐！"使者一听，觉得还是回去吧。

国王一筹莫展，只好去打猎散心。他射中一只野兔，以为可以抓到它了，可没想到，野兔一瘸一拐地逃走了。国王便在后面追它，把随从都甩在后边老远。追到一处野地，国王听见有人在哼着乡村小调。国王停下来想：这么唱歌的人一定是个快乐的人！就寻着歌声钻进了一座葡萄园，在葡萄藤下他看到一个小伙子边摘葡萄边唱着歌。

"您好，陛下。"小伙子说，"您这么早就到乡下来了？"

——·04 删：心不赘物，在繁杂的世界里简单的活·——

"小伙子。你愿意让我把你带到京城吗？你可以做我的朋友。"

"啊，陛下，我不愿意，我一点也不想去，谢谢您。就是让我做教皇我也不愿意。"

"那是为什么，像你这样一个棒小伙子……"

"不不，跟您说实话吧，我觉得现在的生活很快乐，我很满足。"

国王想，我总算找到了一个幸福的人啦，于是说道："年轻人，你帮我一个忙吧。"

"陛下，只要我能做到，我会全力以赴的。"

"你先等等。"国王欣喜若狂，跑着去叫那些随从，"快过来！快过来！我的儿子有救了！我的儿子有救了！"然后他把随从们都带到了小伙子这里，说："小伙子，你想要什么我都会给你！但你给我，给我……"

"什么东西，陛下？"

"我的儿子就要死了，只有你能救他。来，你过来！"国王抓住快乐小伙子，解开他外衣的扣子。突然，国王僵住了，手耷拉了下来。

这个快乐的人没有衬衫。

由此可见，简单不是对人生的退缩，不是清心寡欲，而是清醒中的深刻，明智中的理性，更是一种至纯至美的人生境界。这正如一位哲人所言："生命如果以一种简单的方式来经历，连上帝都会嫉妒。"

简单一点才能"减担",简单点儿,再简单点儿,不用挖空心思去依附权势,不必去贪图名利富贵,用不着留意别人看你的眼神,不去计较那些不必要的复杂,该哭就哭,想笑就笑,简简单单地存在着,势必能够收获一颗若莲素心。

3.本来无一物,何处惹尘埃

人,天生是欲望动物,总是有着无穷的欲望。这种欲望就是灵魂中的痒,痛可以止住,但是痒却是越挠越想挠的。

欲望就是个永远无法满足的东西,如同多米诺骨牌,打开一扇门,紧接着其他的门跟着就打开了。而绝大部分欲望是无用的,只会让你的生活变得复杂,一复杂就会茫然。人们总是在不停地往前冲,以为前面有很多东西在等待我们,其实,很多东西是在我们身后。我们是应该停下来等一等被我们落在身后的灵魂。

在第78届奥斯卡金像奖颁奖典礼上,台湾导演李安凭借一部《断背山》,获得了最佳导演奖,他也成了第一位获此殊荣的华人导演。

在记者采访李安时,李安称《断背山》是一部因为"没有野心"而成功的作品。

04 删：心不赘物，在繁杂的世界里简单的活

李安有着20年从影经历，凭借《推手》、《喜宴》和《饮食男女》奠定了他影坛的地位。后来，一部《卧虎藏龙》让他初登奥斯卡奖台，成为好莱坞最风光的华人导演。

拍完《卧虎藏龙》之后，他又拍了一部转型之作《绿巨人》，但没想到却遭到了挫败。影片的失败加上身心俱惫，李安萌生了退意，准备再拍一部电影就告别影坛。

到底拍一部怎样的作品呢？就在这时，以前一直反对李安从影的父亲给他提了一个建议：让他把过去的荣辱成败全部"放下"，完全随自己的心意，按自己的风格，拍一部真正喜欢、真正想拍、不考虑市场和票房、不在乎奖杯与掌声的电影。

李安觉得父亲的建议非常好，就听从他的劝告，根本不考虑什么市场反映、时尚走向等，只忠诚于自己的内心呼唤，轻松而专注地投入到《断背山》的拍摄中。

这是一部小成本、没有明星、没有噱头的性情之作。没想到，它一推出来就一下赢得了观众的心，征服了奥斯卡评委，让李安夺回所有电影人都梦想的小金人。

李安得到奥斯卡奖，要感谢他当初"没有野心"。如果只盯着奥斯卡，就可能不会选择《断背山》这个题材。即使选择了《断背山》，也可能不会拍成现在这种风格，很可能是另一部《绿巨人》，那么结局就实在难以预料。

俗语云："欲壑难填，做了皇帝想神仙。"欲之不剪就会使心如洪水猛兽，出手就穷凶极恶，显身就面目狰狞。所

以，只能用智慧之剪去修剪欲望，才可保一世平安。

叔本华说："欲望过于剧烈和强烈，就不再仅仅是对自己存在的肯定，相反会进而否定或取消别人的生存。"用"上帝的命定"或"天理"来取消或压制别人的欲望是不合理的，但过度推崇与放纵欲望也是愚蠢的。欲望不是纯粹的、绝对的东西，它需要理智的调控与节制，它也绝不可能像有人声称的那样是文明发展的唯一动力。

"人欲"是一切人类活动的起始，把握这个主宰一切的本源，将会获得无穷无尽的能量。人是欲望的产物，生命是欲望的延续。然而欲望的有效性与必要性是有限度的，满足不是绝对的，总有新的欲望会无休止地产生出来。由于欲望这种不知餍足的特性，欲望的过度释放会造成破坏的力量。

古时候有一个放羊的男孩，在一个偶然的时间涉足到了一个深不可测的山洞。好奇心促使他一步一步地往里走。

突然，就在洞的深处，出现了一个金光闪闪的宝库。天哪，这是不是人们常说的天下第一宝库呢？

放羊的男孩很是好奇，他从来没有见过这么多的金子。他很高兴，小心地从几万吨的金山中拿了小小的一条金子。他自言自语道："要是财主不再叫我帮他放羊的话，这几十两金子也够我生活一段时间了。"他边说边从金库里折回到放羊山上，然后不慌不忙地将羊赶回老财主家，又如实地将今天发现金子的事告诉了财主。他还把自己捡到的那块金子拿出来给财主,让其辨真假。财主一看二摸三咬之后,一把将放羊的男孩拉到身边,急切地问藏金的洞到底在哪里。当男孩把山洞的大体方位说出来后,财主马上命管家与手下的打手们直奔男孩放羊的那座山,还担心男孩的话不真,就让男孩带路。

财主见到真的金山,高兴得不得了。他将金子塞进自己的衣袋,还让一起进来的手下猛拿。就在他们把小男孩支走,准备将所有的金子拿走时,洞里突然传来声音:"人啊,别让欲望负重太多,到时天一黑山门就关了,你不但得不到半两金子,连老命也会在这里丢掉。"

可是财主就是听不进去。他想山洞这么空阔,且又那么坚硬,就是天大的石头砸下来,也砸不到自己的面前;何况这是金子啊,不拿白不拿,负重一点有什么可怕,出去不就是大富翁了吗?于是,财主还是不停地装运,非要把金山搬空不可。一阵轰隆的雷声响起之后,山洞全被从地下冒出的岩浆吞没,财主真的把自己的命丢在了这个山洞里。

伊索说过:"许多人想得到更多的东西,却把现在拥有的也失去了。"这可以说是对得不偿失的最好的诠释了。人生太多的沮丧都是因为得不到想要的东西。其实,我们辛辛苦苦地奔波忙碌,最终的解决不都是只剩下埋葬我们身体的那点黄土吗?

欲望是无止境的,我们有太多的需求,面对着太多的诱惑,然而,在我们满足欲望的同时,也会相对地迷失自己,并产生一种错觉，认为财富和地位就代表了一切。这样，当一切失去的时候，我们就会惊慌失措，无依无靠。

　　托尔斯泰也曾经说过：欲望越小，人生就越幸福。人生最大的苦恼，不是在于自己拥有得太少，而在于自己欲望太多。欲望本身不是坏事，但欲望太多，而自己的能力又达不到，就会构成长久的失望与不满。

　　因此，不管我们做什么，都要适可而止，把握有度。能力所不及的事，不要过于强求自己，放弃那些无止境的沉重的欲望，这样才不会徒增烦恼与压力，才能轻松地享受生活，稳步取得成功。

　　面对生活诸多烦恼，保持一颗平常心，我们就不会去斤斤计较生活里的得失，我们就能在平凡的生活中寻找到快乐，我们就会有"笑看庭前花开花落，静观天上云卷云舒"的轻松。

　　我们很多人就是过多地考虑利害得失，结果总是跟在欲望后面跑来跑去，两手空空地走完了自己的一生。知足者能够认识到无止境的欲望带来的痛苦。太贪婪了，欲望太强了，而其能力又有限，这样必然会导致可怕的后果。

4.丢掉熊掌,只追赶一只兔子

在生活中,当我们遇到"鱼和熊掌"不可兼得的情况,或被无穷无尽的欲望所累时,不如暂时忍痛割爱,放下一些贪念,这不是逃避、不是懦弱,而是明智的选择,只有如此才能开始崭新的历程。

游牧民族的孩子从小就要学习牧羊和打猎,看到丰茂的森林草地,全族的青壮年男子就要冲进去寻找猎物。一个孩子刚刚学会骑马,在叔叔的带领下学习打猎,想要一展身手。

小孩子爱玩,心态又浮躁,看到兔子就想追兔子。正在追兔子,旁边蹿出一只鹿,他又想追那只肥大的鹿。这时一只野鸡从头上飞过去,他又想弯弓射箭打下野鸡。孩子就这样看到什么想打下什么,结果一个也打不到。回头想找一开始看到的那个,动物们早跑没影了。忙了一天,他两手空空。

叔叔告诉他说:"我第一次打猎和你一样,看见什么想打什么,其实一次只能射一箭,得到一只猎物就是收获,为什么要贪心?只有戒掉这个毛病,你才能成为一个优秀的猎手。"

孩子初学打猎难免三心二意,什么都想抓的结果是什么都抓不到,白白浪费力气。长辈以自身经验告诫孩子,想要做一个优秀的猎手,先要学会不贪心,一心一意地抓紧眼前的目标。打猎如此,做任何事也是一样,目标一旦堆积,就会造成视觉上和心理上的双重障碍。只有头脑清醒的人才会从一开始就盯准一个，抓到手再着手下一个。

俗话说，一个人不能同时追赶两只兔子。如果一只兔子朝东，一只兔子朝西，这个人只能留在原地踏步，一无所获。如果兔子再多一点，这个人恐怕连怎么抓兔子都忘了，光顾着想究竟追哪只，成为一个彻头彻尾的空想家。大千世界，机会无处不在，诱惑无时不有，如果不能认定一个，而是四面出击，不论是精力还是头脑都会不够用。

先贤孟子曾说过："鱼，我所欲也，熊掌，亦我所欲也，两者不可得兼。"就是说在人生旅途中，我们经常会遭遇到许多两难的问题。选择就意味着要放弃其中一样，可是，有时我们所面对的并非西瓜和芝麻这样简单的选择，它有可能是两种你同样喜爱，并都想得到的东西，让你两样都难抛下。

这时，你该如何去做呢？问题的关键所在，就是要认清真正需要什么，哪一种对我们更重要，这样才能找到我们前进的方向。方向找对了，选择也就相对容易了。

慧远禅师年轻时喜欢云游四海。有一次，他遇到一位嗜好吸烟的行人。两人一起走了很长一段山路，然后坐在河边休息。行人给了慧远禅师一袋烟，慧远高兴地接受了行人的馈赠。两人一边抽烟，一边聊天，谈得十分投机。分手前，行人又送给慧远一根烟管和一些烟草。

待行人走远，慧远突然想到：烟草这种东西令人十分舒服,肯定会干扰我的禅定,时间长了一定难以改掉,还是趁早戒掉为好。于是,他把烟管和烟草全部扔掉了。

几年后,慧远迷上了《易经》。那年冬天,天寒地冻,他写信给自己的老师要求给他寄一件棉衣。但是信寄出去很久,棉衣也没有寄来,送信的人也没有任何音信。于是,慧远现学现卖,用《易经》为自己卜了一卦,结果显示那封信并没有送到老师那里。他心想:易经占卜固然准确,但如果我沉迷此道,怎么能够全心全意地参禅呢?从此,他再也没有接触易经之术。

之后,慧远又一度迷上了书法。他每天钻研,居然小有成就,有几个书法家也对他的书法赞不绝口。但慧远转念想到:我又偏离了自己的正道了。再这样下去,我可能成为一个书法家,但永远也成不了禅师。于是,他再次收束心性,一心参禅,远离一切和禅无关的东西,终成一代宗师。

俗话说,人心不足蛇吞象,这是关于贪心的一个形象比喻。一只蛇想要吞下一条大象,就像我们每天面对外部世界的诱惑,什么都想得到,偏偏我们精力有限,金钱有限,如果一味去追求,有可能让自己累倒在半路。就算有一座金山摆在眼前,我们能拿的,也只是自己拿得动的那一部分,不然不是在半路晕倒,就是在金山里饿死。不得不承认,以我们有限的生命和能力,追求不了那么多的东西,承担不了那么重的负担。

既然一个人的能力决定了他能获得什么,努力程度决定他能获得多少,贪心就成了一种自我折磨。就像小时候我们吃着糖果，如果总是想着没吃到的饼干，或者想着明天吃的蛋糕，目标太多，就会造成心理上的混淆，最后吃到嘴里的都不香甜。还有的时候，我们顾此失彼，不看自己手里的这个，而是紧盯着别人手里的，最后两边落空，自己难过。不如简单一点，专一一点，把握住自己眼前的东西，因为抓得住的永远比抓不住的重要，自己手里的总比别人手里的安全。

人生的道路也是如此，很多时候，我们不止有一个选择，哪个方向都有自己想要的东西，哪个方向都是一种诱惑，我们必须下定决心选择一个，才能用最短的时间到达目的地。选择也需要智慧，我们选择的地方不应该是虚幻的海市蜃楼，而是那些我们的目光也许不能到达，但相信自己有足够能力到达的地方。一个人不能追逐两个理想，任何时候，专一的人比左顾右盼的人拥有更多把握成功的时间、珍贵的机遇。

5.宁可笑着放弃，也不哭着拥有

生命如舟，载不动太多的物欲和虚荣，要想使之在抵达彼岸前不至于中途搁浅，就必须轻载，只取需要的东西。这也是断舍离的真谛。面对生活中的种种诱惑和考验，人们难免欲火中烧，总想得到。然而，人一旦被贪欲、物欲、色欲所羁绊，就一定不能轻松前行，更不可能宁静致远。只有将不必要的欲望统统抛弃，果断地与欲望断舍离，才能真正地主宰自己的人生。否则，只会成为欲望的俘虏。

有个扬州人善于游泳。一天，河水暴涨，水势很急，他与同村的五六个同伴一起乘船到河对岸去办事，哪知天有不测风云，船到河中间的时候突然破了，水一个劲儿地涌进了船里。眼看船就要沉了，因为都识得水性，于是大家干脆跳下船去，准备游到对岸去。这个人也跳下了船，虽然拼命地向前游，却游得很慢。

他的同伴问他："你平时游泳比我们都强，今天怎么啦，竟然落在了我们后面？"这个人十分吃力地说道："我腰上缠着500大钱，很沉，我游不动。""赶快把它解下来，丢掉算了。"同伴们都劝他。可是他摇着头，舍不得扔掉这500大钱。渐渐地这个人越游越慢，已经筋疲力尽了。

这时，同伴中的一些人已经游到了对岸，看见这人马上就要沉下去了，于是就冲他大喊着："快把钱扔了！你为什么这样愚蠢，连性命都保不住了，还要这些钱有什么用？"可是这个人终究还是舍不得扔掉这些钱。不一会儿，他就沉下去淹死了。

多么可悲的惨剧！要是这个扬州人懂得利用断舍离的理念，他一定不会被淹死！

金钱是重要的，生活是需要金钱的。俗话说得好："钱不是万能的，但没有钱是万万不能的。"在现实世界中，没有金钱真的寸步难行，买房、买车、结婚、旅游，样样需要钱；孩子上学、老人治病，少一个子就急死人；就是上个厕所，有时候也得花钱。所以，过日子真少不了钱，而且据说百分之八十的人生目标，都可以通过金钱得以实现。

然而，金钱也是把双刃剑，它能创造精彩的人生，也能让人自取灭亡。就像那个扬州人一样。所以，一定要学会与欲望断舍离，别太计较贫富贵贱，别让欲望蒙住了自己的眼睛，别让金钱断送了自己的幸福。

有一个小男孩，住在山脚下的一幢大房子里。他喜欢动物、跑车与音乐，他会爬树、游泳、踢球。他从小有很多梦想，希望有一天能够实现它们。

突然有一天，他对上帝说："我想了很久，我终于知道自己今后想要什么样的生活了。"

上帝问："你想要什么？"

他回答："我要在城里有一栋大房子；我要娶一个高挑、美丽的女子为妻。她长着黑黑的长发，性情温和，有一双蓝色的眼睛，她唱起歌来很能打动人；我要有三个健康的孩子，我们可以一起游泳、踢球。他们长大后，一个当科学家，一个做医生，一个做律师；我要成为一个冒险家，并在途中救助他人；我要有一辆红色的法拉利汽车，而且永远不需要搭送别人。"

上帝笑了笑，说："你的这些梦想真美妙，希望你长大后都能实现。"

长大后,他出了一次车祸,腿瘸了,从此,再也不能登山、爬树、航海了。后来,他学了商业经营管理,专门经营医疗设备。再后来他娶了一位美丽的女孩,有黑黑的长发,个子却不高、眼睛不蓝,也不会唱歌,但却做得一手好菜,画得一手好画。

后来,他在城里买了房子,不大却够全家人生活。他没有儿子却有三个美丽的女儿,她们都非常爱自己的父亲。有时,他们会一起在公园里嬉戏玩耍。

他没有红色法拉利,而且还要经常去取一些并不是他的货物。在一天早上醒来,他突然想起了许多年前的梦想。于是,他很难过地对周围的人不停诉说、抱怨他的梦想没能实现。他认为这一切都是上帝同他开的玩笑,妻子和朋友们的劝说他一句也听不进去。最后,他因为过度悲伤而住进了医院。

到了晚上,他又跟上帝提起他的梦想:"你还记得在我还是个小男孩时,对你讲述的那些梦想吗?"

上帝回答:"记得,那都是一些美妙的梦想。"

"那你为什么不让我实现呢?"他伤心地问道。

上帝回答:"我只是想让你惊喜一下,给了你一些没有想得到的东西。一个好妻子、一份好工作、一处舒适的住所,这是多么搭配的组合。还有,三个可爱的女儿……"

"是的。"男人打断了上帝的话,接着说:"但是我以为你会把我真正想要得到的东西给我。"

上帝回答:"我也以为你会把我想要的东西给我。"男人没想过上帝也会有想要的东西，于是轻声问："你希望得到什么？"

"我希望你能因为我给你的东西而感到快乐。"上帝温柔地答道。

他在黑暗中想了一夜，他想到了一个新的梦想。他的新梦想就是有一份好的工作、住在能看到大海的公寓中、妻子会做菜和画画、有三个可爱的女儿。而这些，就是他现在所拥有的。

在这之后，他过得非常快乐。他明白：快乐从未离开过他，只是以前的自己羞于满足，才没发现手中所拥有的快乐。

正当的欲望都是合理的，但是如果追求过多，那无疑是给生活上了一把锁。一个丧失心灵自由的人谈何快乐？所以，不要让欲望把心装得太满。究竟如何掌握这个度，对于金钱，够用就行，实在没有必要为了金钱而失去了大把快乐的时光。

那么生活中我们该如何克制自己的贪欲呢？

首先，对需求进行分类，把想要的东西分为"必需品"和"身外物"。

其次，学会享受克制欲望的自控感，比如，经常去商店观赏一件喜欢而超过支付能力的东西，其实比真正买回来的快乐更持久。

最后，如果贪欲来自对别人的羡慕，就要告诉自己，虽然自己没有他人拥有的东西，但也拥有别人没有的东西。记住，生命是一叶舟，载不动太多的欲望，要想使船在抵达彼岸时不至于在中途搁浅或沉没，就必须轻载，只取需要的东西，把那些不需要的东西统统都舍弃掉。

6.别总顾着鞋的好看，而弄疼了自己的脚

在中国历史上，李斯是秦朝的开国功臣，以卓越的政治远见和出色的能力辅佐秦始皇统一六国，建立秦朝，并出任丞相。但是，李斯一生追求名利地位，为了地位，他与宦官赵高勾结，害死公子扶苏，扶持胡亥成为皇帝。

追求名利的人大多数因名利败亡，李斯和赵高产生矛盾，被赵高谋害，全家获罪。李斯被腰斩前，曾悔恨地对身边的儿子说："真希望能和你像以前一样去山里打猎。"即将被腰斩的儿子流下眼泪。名利害人，古今皆同。

李斯是中国历史上的名人，他因《谏逐客书》成为嬴政的亲信，可见他学识过人；他妒忌韩非的才能，加以迫害，可见他功名之心太重——这两件事情足以预见他后来的经历。他既是能臣，却又为了自己的地位违背原则。当秦二世胡亥上台后，渴望权势的李斯不可避免与当权宦官赵高发生

矛盾，他成了失败者。在死亡面前，他幡然醒悟，对自己的儿子说出了最大的心愿，原来一切名利追求都不如一份平常的幸福来得实在。

司马迁说："天下熙熙皆为利来，天下攘攘皆为利往。"人活于世，追求名利是一种常态，一个人要想实现自身的价值，想让更多人了解、尊重，这样的名是每个人需要得到的；一个人想要通过努力累积财富，改变自身的条件、个人的生活，这样的"利"是每个人必须追求的。"名利"并不是一个贬义词，人们会说"名利害人"，是因为有人过度地追求名利，以不正当的方式得到名利，换言之，害人的不是名利，而是自己的心灵。

曼谷的西郊有一座寺院，因为地处偏远，香火一直非常冷清。

原来的住持圆寂后，索提那克法师来到寺院做新住持。初来乍到，他绕着寺院四周巡视，发现寺院周围的山坡上到处长着灌木。那些灌木呈原生态生长，树形恣肆而张扬，看上去随心所欲，杂乱无章。索提那克找来一把园林修剪用的剪子，不时去修剪一棵灌木。半年过去了，那棵灌木被修剪成一个半球形状。

僧侣们不知住持意欲何为。问索提那克，法师却笑而不答。

这天，寺院来了一个不速之客。来人衣衫光鲜，气宇不凡。法师接待了他。寒暄，让座，奉茶。对方说自己路过此地，汽车抛锚了，司机现在修车，他进寺院来看看。

法师陪来客四处转悠。行走间，客人向法师请教了一个问题："人怎样才能清除掉自己的欲望？"

索提那克法师微微一笑，折身进内室拿来那把剪子，对客人说："施主，请随我来！"

他把来客带到寺院外的山坡。客人看到了满山的灌木，也看到了法师修剪成型的那棵。

法师把剪子交给客人，说道："您只要能经常像我这样反复修剪一棵树，您的欲望就会消除。"

客人疑惑地接过剪子，走向一丛灌木，咔嚓咔嚓地剪了起来。

一壶茶的工夫过去了，法师问他感觉如何。客人笑笑："感觉身体倒是舒展轻松了许多，可是日常堵塞心头的那些欲望好像并没有放下。"

法师颔首说道："刚开始是这样的。经常修剪，就好了。"

来客走的时候，跟法师约定他十天后再来。

法师不知道，来客是曼谷最享有盛名的娱乐大亨，近来他遇到了以前从未经历过的生意上的难题。

十天后，大亨来了；十六天后，大亨又来了……三个月过去了，大亨已经将那棵灌木修剪成了一只初具规模的鸟。法师问他，现在是否懂得如何消除欲望。大亨面带愧色地回答说，可能是我太愚钝，眼下每次修剪的时候，能够气定神闲，心无挂碍。可是，从您这里离开，回到我的生活圈子之后，我的所有欲望依然像往常那样冒出来。

法师笑而不言。

当大亨的鸟完全成型之后，索提那克法师又向他问了同样的问题，他的回答依旧。

这次，法师对大亨说："施主，你知道为什么当初我建议你来修剪树木吗？我只是希望你每次修剪前，都能发现，原来剪去的部分，又会重新长出来。这就像我们的欲望，你别指望完全消除。我们能做的，就是尽力把它修剪得更美观。放任欲望，它就会像这满坡疯长的灌木，丑恶不堪。但是，经常修剪，就能成为一道悦目的风景。对于名利，只要取之有道，用之有道，利己惠人，它就不应该被看做是心灵的枷锁。"

大亨恍然。

名利并不可怕，可怕的是对名利无止境的贪念，真正摧毁一个人生活的并不是名利，而是随名利而来的虚荣、黑洞一样越来越大的欲望。追求名利，同时不被名利左右的人，才是有理想，有智慧的人。

7.做金钱的主人,而不是物欲的奴隶

从前有一个乞丐,他经常自言自语地说:"我真想发财呀!如果我发了财,我要让所有的乞丐都有房子住,吃饱穿暖,我决不做吝啬鬼……"

就这样一遍遍地祈祷,终于有一天,一个神仙找到了他。

神仙对他说道:"我听到你的祈祷了,你就要发财了,我这就给你一个有魔力的钱袋。这钱袋里永远有一枚金币,是拿不完的。但是,在你觉得够了的时候,就必须把钱袋扔掉,才可以开始使用那些金币。"说完,神仙就不见了。

乞丐惊讶地揉了揉眼睛,以为自己是在做梦。

不过,他发现自己的身边真的出现了一个钱袋,里面装着一枚金币!乞丐把那枚金币拿出来,里面又有了一枚。于是,乞丐不断地往外拿金币,他一直拿了整整一个晚上,金币已有一大堆了。看着这些钱,乞丐想:这些钱已经够我用一辈子了。

第二天一早,他拿着这些钱,准备到街上买面包吃。

但是,在他花钱以前,必须扔掉那个钱袋。他舍不得扔掉那件宝贝,又继续从钱袋里往外拿钱。每次当他想把钱袋扔掉的时候,他就总觉得钱还不够多。

就这样,日子一天天过去了,他的金币越来越多,多到可以买下一个国家。

可是，他总是对自己说："还是等钱再多一些才好。"于是，他不吃不喝拼命地拿钱，金币已经快堆满一屋子了，他却变得又瘦又弱，脸色蜡黄。他虚弱地说："我不能把钱袋扔掉，金币还在源源不断地出来啊！"

就这样，接连几天乞丐都水米未进。已经成为大富翁的他，身体却变得十分虚弱。即便是如此，他还在用颤抖的手往外掏金币。最后，由于又累又饿，最终死在了成堆的金币里。

人们常常用"守财奴"来形容那些一心占有金钱，拥有大量财富却一毛不拔的人。他们虽然是富翁，看上去却连穷人都不如，他们每花一分钱都觉得心如刀割，舍不得为自己、为别人消费，只想把钱堆在仓库里。金钱的价值在于交换，可以给人们带来各种层次的满足，例如住房、饮食、衣着、娱乐……都能用金钱予以满足，只要不过量，不滥用，拥有金钱就是生存和生活的保证。守财奴们却把金钱当做收藏品，完全扭曲了金钱的价值。他们看似是金钱的主人，其实却成了金钱忠诚的仆人——一个暂时的保管者，一个活动的保险柜。

欧美大富翁们教育子女都有一套自己的方法，这些富翁大多经历过创业、守业的艰苦时期，不期望他们的后代只是懂得挥霍的纨绔子弟，他们会鼓励后代从小就认识到金钱的价值，靠自己的劳动换取需要的零用钱，他们也不会纵容孩子的欲望，让他们养成挥金如土的习惯，他们用这种方法告诉子女，金钱来之不易，要用它们做最有用的事，而不是胡乱使用。更重要的是，富翁们希望子女们不要有更多的机会接触到那些金钱无法买到的东西，不要从小就为金钱生活，成为金钱的奴隶。

1980年，美国通过《新难民法案》，居住在纽约水牛城收容所的512名难民因此成了美国的合法公民。他们大多是来自贫困国家的偷渡者，来美国的目的是寻求自由和幸福。

2004年，新法案颁布25周年，这批得益于该法案的人搞了一次集会。他们承认自从成了美国公民，生活有了空前改善，但是，幸福的梦想远远没有实现。

霍华德·休斯是位法学博士，专门研究难民问题，他闻知此事，便展开了调查。首先他对那批难民的身份进行了一次全面的核实，发现这512人有一个共同点，那就是在原居住国都比较贫穷。另外，还有一些类似的经历，比如：偷渡来美的时候，都与船老大签订过生死契——只要能去国外发财，路上是死是活，船主概不负责。

接着，霍华德博士又对他们来美后的经历进行了考察。他发现，这批偷渡者由于都有着强烈的发财梦，来美后，经过二十余年拼搏，日子过得都不差，有将近一半的人，靠冒险和吃苦的精神达到了美国中产阶级的水平。

那么，他们为什么仍抱怨没有过上幸福生活呢？为了找出根源，霍华德博士对他们一一进行调查。下面是他对其中的4位所作的调查记录：

第一位是水产商，初来美国时，在迈阿密的水产一条街做黄鱼生意，现已由原来的一间店铺，发展为连锁店。20年来，为挤垮竞争对手，未休息过一天，更未出外度过一天假。

第二位是二手车经销商，住休斯敦郊外，别墅面积1518平方米，二楼为仓库，存旧车胎3600条、旧发动机420台。现有旧车7辆，改装的摩托车6辆。

第三位是房产开发商，1995年之前，在13个市镇拥有房产开发权，因逃税被判一年六个月监禁，剥夺开发权，罚款8600万美元，现从事涂料进出口业务。

最后一位是中介商，来美国后，一直从事海地、多米尼加、波多黎各等国的劳务输出工作，通过他，本家族60%的人在美打工或暂住，现和他一起居住的亲属14人。

霍华德的调查报告长达730页，历数了每个人的生活状态。这份报告被交到美国国务院之后，迅速被移交到移民部。没过多久，原纽约水牛城收容所的512名难民每人收到一个小册子，小册子的封面上写着：一个穷人成为富人之后，如果不及时修正贫穷时所养成的贪婪，就别指望能跨入幸福的境界。

2005年1月15日，美国《加勒比海报》报道，有一位来自加勒比海地区的富翁卖掉公司，打算去过简朴的生活。而第二天，霍华德博士收到美国移民局的一封信：这批难民中已有一人找到了富裕后的幸福。

04 删：心不赘物，在繁杂的世界里简单的活

无论你喜欢与否，钱在你的日常生活中都占据着非常重要的地位，如果你忽视这样一个事实，那么你也就很难变得富有。当然，谈论金钱的重要，并不是想让金钱来主导我们的生活。要想获得真正的幸福，其中有一个最基本的法则就是要热爱金钱并且利用金钱。你可以享受金钱，尊重并使用它，合理地规划你的花销，还可以梦想拥有更多的金钱，但你要记住，千万不要为金钱而活。钱只是一种工具，一种交换方式。当然，拥有金钱总比永远为金钱苦苦挣扎奋斗要快乐。不过，令人遗憾的是，大多数人还在被金钱奴役着。

人类的幸福感的确需要物质基础，但大部分与金钱无关。幸福感大多来自家庭的温暖、事业的成功、人际的和谐，更重要的是心灵的满足，这些都是金钱买不到的东西，却也是最宝贵的财富。

05 断

该做的事没人能替你,想要的笑没人能给你

一位著名作家曾说:"把希望寄托在别人身上意味着把失望留给自己。"我们不应是别人的附属品,不应该是幸福的寄生者,因为一旦别人远离自己,我们只能接受幸福的远离,一个人主宰不了世界的变化,却可以主宰自己的幸福。

● ● ● ● ● ●

1.你若起舞飞翔,便有清香扑鼻

生活每天都充斥着各种各样的选择,最可怕的是不知不觉中已然放弃了对自己、对生活的警醒和觉察,任由别人灌输的信念和过去的惯性来支配自己的生活。人生最悲凉的笑话,莫过于用尽毕生努力成功地成为了别人。人只有一辈

子，为自己而活才是最大的奢侈。

意大利著名影星索菲娅·罗兰，她用自己动人的风采、卓越的演技给人们留下了深刻的印象。她的美不是静止的，不是平面的，而是以一种最最浓烈的方式留给了电影。在1961年，她获得了奥斯卡最佳女演员奖。很多导演都由衷地说，与索菲娅·罗兰的美丽相比，奥斯卡简直不值一提。

然而，她的从影之路并不是一帆风顺的。

16岁时她一个人来到了罗马，但是，成功的路并不平坦，因为她的长相阻碍了她成为一名演员。刚到罗马时，她听到的是自己个子太高、臀部太宽、鼻子太长、嘴巴太大等非议，把她说得没有一点做演员的资格。

不过很幸运的是一位制片商看中了她。看中了她并不代表她的事业一帆风顺，索菲娅·罗兰去试了许多次镜，但摄影师都抱怨无法把她拍得更美艳动人。制片商听到了摄影师的抱怨，于是找到了索菲娅·罗兰并对她说："索菲娅，如果你真想干这一行，我建议你把你的鼻子和臀部'动一动'，做一次整容手术，那样就会更好些。"对于没有主见的人来说，这是一次千载难逢的机会，一定会按照制片商的说法去做。

但是索菲娅·罗兰是个有主见，不愿意随波逐流的人，她断然拒绝了制片商的要求。在她的心里，始终坚持着这样的一个原则：我就是我自己，只有做好了自己，我才能向他人学习。

索菲娅·罗兰要靠自己内在的气质和精湛的演技来征服观众,于是她找到了制片商,并理直气壮地说:"对不起,我不能这样做,我就是我自己,只有做好了自己,我才能向别人学习,这是我的原则。虽然我的鼻子太长,但它是我脸庞的中心,它赋予了我脸庞的独特个性,我很喜欢它。至于别人怎么说,我无法改变,因为嘴是长在他们的脸上。我只要坚持我的原则就够了。"

虽然很多议论对索菲娅·罗兰很不利,但她没有因为别人的议论而停下自己奋斗的脚步,反而越挫越勇。从17岁正式进入电影界,她一生拍了100多部影片。索菲娅·罗兰的演技达到了炉火纯青的程度,她得到了观众的认可,观众很喜欢她的善良和纯情。索菲娅·罗兰在事业上不断取得成功。

她刚出道时遭到的那些诸如鼻子长、嘴巴大、臀部宽等议论都不见了,她得到了更多的好评,以前的缺点反而成为后来评选美女的标准。20世纪末,索菲娅·罗兰已经60多岁了,但是,她仍然被评为了那时"最美丽的女性"之一。

当后来有人问起索菲娅·罗兰的成功时,她是这样回答的:"我谁也不模仿。我不去奴隶似的跟着时尚走。我只要做我自己。当你把自己独特的一面展示给别人的时候,魅力也就随之而来了。"

英国教育家洛克说:"每个人的心灵都像他们的脸一样各不相同,正是他们每时每刻地表现自己的个性,才使得今天这个世界如此精彩。"卡耐基也说过:"整日装在别人套子里的人,终究有一天会发现,自己已变得面目全非了。"

春秋时代,越国的美女西施,其美貌简直到了倾城倾国的程度。无论是她的举手投足,还是她的音容笑貌,样样都惹人喜爱。西施略施淡妆,衣着朴素,走到哪里,哪里就有很多人向她行注目礼,没有人不惊叹她的美貌。

西施患有心口疼的毛病。有一天,她的病又犯了,只见她手捂胸口,双眉皱起,流露出一种娇媚柔弱的女性美。当她从乡间走过的时候,乡里人无不睁大眼睛注视。

有一个丑女子,名叫东施,不仅相貌难看,而且没有修养。她平时动作粗俗,说话大声大气,却一天到晚做着当美女的梦。今天穿这样的衣服,明天梳那样的发式,却仍然没有一个人说她漂亮。

这一天,她看到西施捂着胸口、皱着双眉的样子竟博得这么多人的注目,因此回去以后,她也学着西施的样子,手捂胸口、紧皱眉头,在村里走来走去。哪知这丑女的矫揉造作使她原本就丑陋的样子更难看了。其结果,乡间的富人看见丑女的怪模样,马上把门紧紧关上;乡间的穷人看见丑女走过来,马上拉着妻子、带着孩子远远地躲开。人们见了这个怪模怪样的丑女人,简直像见了瘟神一般。

西施很美,这是她的特质,无论哭笑还是皱眉,都难以掩盖她的天生丽质。可怜的东施,非要把西施的特质放在自己身上，落得众人嘲笑。也许，东施原本没那么丑，只不过她扭曲了自己的个性，刻意去模仿西施，才成了世人眼里的丑八怪。

金·奥特雷刚刚出道时，一心想改掉自己的得克萨斯乡音，为了让自己看上去更像一个城里的绅士，他还自称是纽约人。结果呢？大家都在背后耻笑他虚伪。后来，他开始弹奏五弦琴，唱他的西部歌曲，没想到这竟开启了一段了不起的演艺生涯，让他成了音乐界和广播界最有名的西部歌星之一。

玛丽·玛格丽特·麦克布雷，刚进入广播界的时候，一心想成为爱尔兰喜剧演员。也许是天赋不够，她失败了。之后，她保持自己的本色，做一个从密苏里州来的、平凡的乡下女孩子，结果成了纽约最受欢迎的广播明星。

模仿别人，可能会暂时赢得别人的注意，但你要为之付出的代价就是失去自己。当你有一天想要发出自己真实的声音时，突然发现已经没人能够接纳你了，你只能永远做一个虚无的影子。失去自己，这是一件多么悲哀的事啊！

记住：你就是你，不是别人的翻版，更不要活在别人的影子里。用心经营属于自己的花园，勾勒自己的人生，义无反顾地大步向前，留下属于自己的脚印，才能活出真正的自己。

2.在人生剧本里做自己的主角

这辈子,你是谁,为谁活着?茫茫人海中的你、我、他,都该慎重地思考一下这件事。我们每个人在生命中都扮演着不同的角色,但这些角色有时很容易让人迷失。

在一个风雨交加的下午,一个女人跌跌撞撞地走进了一家心理咨询诊所。如果你仔细观察这个女人,你会感到非常奇怪。

这个女人大概20多岁,面容姣好,衣着华丽,拎着一款名牌手包,身上佩戴的首饰一看就是出自名设计师之手。

按理说这样一个女人应该举止从容、神采飞扬,可是她却一脸憔悴,双眉紧皱,嘴唇发白,好像快要哭出来了,走路也踉踉跄跄的,像得了一场大病。

这个女人径自推开一间诊室的门就走了进去,根本顾不得身后的护士冲她喊:"小姐,你预约了吗?"

诊室里坐着一位心理医生,他抬头看了看闯进来的女人,示意护士不要拦她。

那个女人在医生面前的椅子上坐了下来,神情恍惚,用很迷茫的语气对医生说:"对不起,我知道我没有预约,但我必须找个人说说,否则我就要从楼上跳下去了。"

医生示意她不要紧张,用很温和的语气问:"我很愿意听你说话，能告诉我发生了什么事情吗？"

女人深吸了一口气，然后开始述说："我觉得自己要崩溃了，我的事业遇到了很大的困难，几乎让我倾家荡产，男朋友却在这个时候要离我而去。我真是失败，这么大了还令爸妈伤心，朋友们也跟着操心。"

医生看着她问："就因为这样，所以你觉得自己很失败，甚至要跳楼？"

"你不了解。"女人望着医生摇了摇头，"我从小就是个好学生，爸妈以我为荣，老师为我骄傲，同学们都很羡慕我，可是现在，我让所有的人失望，连他们的眼睛我都不敢看。"听到这里，医生说："从你进门到现在，你一直在强调别人对你如何失望、如何伤心，那你呢？你对自己怎么看呢？""我？我是一个令所有人失望的人。"女人沮丧地说。

"不对，这仍然是别人的看法，'所有人失望'是别人的感受，而不是你对自己的看法，我想知道你对自己是如何看的。"

"这有什么不同？我令人失望，这就是我对自己的看法。"女人一脸茫然，想不清楚这其中的分别。

医生微笑着看着她说："好了，我们暂时不去讨论这个问题，现在你告诉我，有没有什么办法能使这种糟糕的情况改变？比如恢复你的事业、重建你的信心。"

女人皱着眉想了想，然后摇摇头说："没有了，我现在除了身上的这套穿戴之外已经再没有一点值钱的东西，连车子也已经卖了抵债，谁愿意帮助一个这样落魄的女人呢？大

―― · 05 断：该做的事没人能替你，想要的笑没人能给你 · ――

家唯恐我向他们借钱，躲都躲不及。天哪，谁还能帮我？人们常常说遇事有贵人相助，可是我的贵人在哪儿呢？"

女人这样说的时候，情绪十分激动，好像马上就要崩溃了。医生听到这里，想了想说："虽然我没有办法切实地给你什么帮助，但如果你愿意的话，我可以介绍你见一个人，她可以帮助你还清债务，东山再起，让所有人对你刮目相看。"

"真的吗？"女人听了这话眼前一亮，但她不敢相信这个事实，用疑惑又期待的眼神看着医生。

"当然是真的，跟我来！"医生站起身来，带着这个女人走出了诊室，穿过走廊，来到另一间屋子。

这是一间空屋子，除了墙上挂了一面大镜子外什么也没有。女人疑惑地问："您说的那个能帮助我的人在哪儿呢？"医生请女人站到墙上挂的那面镜子前，镜子中立刻映出了女人憔悴的身影。他指了指镜子说："就是这个人。在这个世界上，只有一个人能让你重整旗鼓，就是她！当然，在她帮助你之前，你必须要彻底地了解她、认识她，就当做你以前从未见过她一样。你必须知道她真正在想什么、要得到什么、能做些什么。如果你不能对这个人作充分而彻底的认识，那么很抱歉，真的再没有人能够帮助你了。"

女人听了这话有些愣住了，她缓缓地朝着镜子走了几步，慢慢地伸出手，去触摸镜子里的脸，并对着镜子里的人从头到脚仔细地打量起来。几分钟后她缩回手，摸了摸自己的脸，然后后退了几步，突然大哭起来。

医生不去管她，任由她痛哭着，发泄着。

当女人痛哭完毕，走出心理咨询诊所的大门时，虽然仍旧难掩憔悴，但精神显然振奋了很多，她对医生说："谢谢您介绍我认识了那个可以帮助我的人，我想我会了解她的。"

一转眼半年过去了，那个女人又一次来到这家心理咨询室，仍然找到了那位医生。

医生已经不认得她了，因为她的样子完全变了：衣着虽然没有以前华丽，但是整洁干净，搭配巧妙，最重要的是她的精神状态大不一样了，原来那种茫然、憔悴、失落的神情已经丝毫不见了，取而代之的是阳光般灿烂的笑容。

女人微笑着对医生说："今天来是谢谢您，您让我重新认识了自己，意识到了自己的独立性。我已经重新振作起来了，现在的事业虽然还没有恢复到最理想的状态，但基本已经还完了债务，我相信会越来越好的。"

医生也很为她高兴，但又问："你真的彻底认识了自己吗？"

女人想了想回答说："我不敢说彻底地认识，只是每一天我都去审视自己，聆听自己的心声，重视自己的想法，我想我不会再强调别人重要而忽视自己的力量了。"

如果说人生是一出戏，那么作为这幕戏的主角，你该搞清楚自己的人生剧本：

你不是父母的续集，你的人生不需要父母操控。纵然他们渴望为你铺好前路，愿意为你操劳一生，但你要想清楚：

那究竟是不是你想要的人生？你的舞台要你自己做主。

你不是孩子的前传，不要将为了儿女放弃自我当成一种伟大的风险。孩子与你一样，是独立的个体，你不必为他们放弃自己的舞台，也不必为他们搭建舞台，给他充分的自由和空间，才能让彼此有更完整的人生。

你不是朋友的番外，朋友是心灵的寄托，却不需要你放弃自我、牺牲自我来维护这段友情。他的人生是否精彩，那是他自己的事，你不是他的延伸。你能够做的，就是当一个聆听者，在必要的时候伸出援手，而不是把自己的舞台和角色舍弃掉，去做他的附庸品。

也许，这场人生的舞台剧注定无法单独来完成，需要他人的配合，需要你为别人付出，但这不该成为一种束缚和包袱，不该被所谓的"应该"和"责任"牵绊住手脚。唯有认真地做好自己，完成自己的角色定位，才有精力和能力去展开更多的情节。

3.这个世界没有人值得你羡慕

人们总喜欢羡慕别人，却忽略了自己所拥有的。很多人总是渴望获得那些本不属于自己的东西，而对自己拥有的却不加以珍惜。

——·物质极简:怦然心动的人生整理魔法·——

世界上没有完全相同的两个人,对于人生与生活的理解也会有所不同。因此,没有谁可以取代谁,也没有一种生活会适合所有人。对每一个人来说,生活都是人生中最重要的一部分,你想要什么样的生活,而什么样的生活又是最适合你的,这样的问题才是至关重要的。我们需要弄清楚哪种生活方式是适合自己的,自己又想要什么样的生活,然后朝着那个方向努力,才能实现自己的人生理想。

一个有钱人过得很开心,他常常开着车子或坐飞机到处与人谈生意,生活虽忙碌,但充实富足,因此有钱人很有成就感。但他的幸福生活却被一家茶水店的老板给打破了。

这位茶水店主过得也很开心,他的生活主要就是烧水、倒茶、招待顾客、与顾客交谈……虽然简单清贫,但却自得其乐。然而,自从遇到这个有钱人,这位快乐的茶水店主就开始有了烦恼。

一天,两人在茶水店相遇了。那时,因为时间还早,茶水店内还没有客人,店主就趴在桌子上打瞌睡。有钱人口渴了,就走进了店里,看到茶水店的简陋与店主的清贫,有钱人感到很吃惊,便跟店主交谈起来。

有钱人先讲了自己灯红酒绿的生活,讲他怎样快乐地挣钱又快乐地将钱大把地花掉。他说,过着这样的生活,他才感到自己是在享受人生。

茶水店主越听越着迷,也说起了自己的生活,虽然不是什么大富大贵,但也安宁而快乐,因为自己不与人争,也就

05 断:该做的事没人能替你,想要的笑没人能给你

没有得失的烦扰。

有钱人也被茶水店主悠闲的生活方式吸引住了,离开茶水店后,他一直在想,尽管自己有钱,却没有茶水店主的惬意自在。想到最后,他感觉到自己太可悲了,因为自己从来没有过一天像茶水店主那样悠闲自在的日子!

而茶水店主在有钱人离开后也一直在想着有钱人的话,他想自己每天守着这个清淡的茶水店,不但没赚到钱,而且还浪费了生命,自己真是白活了。想到最后,他开始盼望自己也能够过上有钱人的那种富足的生活。

于是两个人找到了上帝,求上帝帮忙,上帝笑着说这还不容易,我给你们换过来不就行了?

于是,茶水店主变成了有钱人,每天去和不同的合作伙伴谈生意、喝酒。有钱人则坐在了悠闲的茶水店里。结果没过几天,两个人又吵吵嚷嚷地来到了上帝面前。有钱人说他实在受不了茶水店里的冷清和贫乏的生活。茶水店主则说他受不了有钱人生活里的虚情假意和酒精气味。

上帝哈哈大笑,说:"你们原本在各自的位置上生活得好好的,却向往别人的生活,现在知道了吧,其实别人的生活也不过如此。"

是的,生活其实就像我们脚底穿的那双鞋子一样,要选择什么样的鞋子,我们首先要问问自己的那双脚,而不是看别人穿的是什么样的鞋子,不是吗?

杨薇是个漂亮高挑的女孩子，有一份体面的工作，有个收入不多却对她宽容宠爱的老公。在很多人眼里，她无疑是个幸运的姑娘。

白莹是杨薇的大学好友。毕业后直接嫁了个富二代，过着少奶奶的日子。有空的时候，她总会约杨薇一起吃饭，逛街，做美容，在豪华的商场里挥金如土。最初的杨薇面对着白莹的阔绰，只是淡淡一笑。时间久了，杨薇的内心发生了变化，她开始羡慕起白莹如今的少奶奶生活，抱怨着老公的收入普通。

在一段时间里，和白莹欢聚过后回到家的杨薇，就开始对老公有了诸多抱怨，抱怨老公在事业上的不思进取，抱怨他的不懂浪漫，平静的日子里多了些许的矛盾和摩擦。也不知道从何时起，相爱的两个人回家以后开始以沉默面对着彼此，仿佛是一栋房子里的陌生人。

直到有一天，满身伤痕的白莹哭着跑去杨薇家。杨薇才知道，原来白莹的婚姻生活中有如此多的不和谐。老公虽有钱，却很花心，甚至有家庭暴力，白莹在大部分的婚姻生活中总是忍受着独守空房的孤独和寂寞。而听着白莹哭诉的杨薇，坐在自己和老公一起去宜家买回的大沙发上，看着在厨房里为她俩忙碌准备晚餐的老公，想着这段时间，老公对自己依旧不变的照顾和宽容，想着童年那个在墙角畏缩着的自己，杨薇释然了，原来现在的自己一直是如此的幸福，拥有着自己虽平淡却踏实且独一无二的幸福。

人们总喜欢羡慕别人，却忽略了自己所拥有的。很多人总是渴望获得那些本不属于自己的东西，而对自己拥有的却不加以珍惜。

人生无常，能来到这个世界，感受着这个世界上所发生的一切，诸如花的盛开，草的萌生，天的晴朗，月的明媚，已是人生的一种幸福。每个人所感受到的都是自己独一无二的幸福。幸福无法攀比，无法复制，幸福只是那样或深或浅地存在于你的心里，在某一刻荡漾在你的胸怀，然后化作你脸上那弯弯的嘴角。

4.不能听命于自己者，注定就要受制于人

有一幅漫画，淋漓尽致地道出了许多人都曾经历过的一幕：

高考分文理班，一群"过来人"告诉你要怎么选择："你理科这么差，还是选文科吧！""选文科以后好发展，没错！""你不是喜欢生物吗？选理科好！"

考大学的时候，"过来人"又出现了，告诉你该选择什么学校、什么专业："上师范大学吧！老师这个职业是铁饭碗！""你为什么不去外国语学院，那学校名气多大！"

大学毕业了,又是当年那群"过来人",用他们的人生阅历,告诉你该做什么工作:"画画没前途的,根本养活不了自己。""跟你说过,不要学动画,当初你就是不听。""我看,还是转行吧,最好能进一家事业单位!"

在你没有做出什么惊天动地的成绩之前,你所有的决策,在那些"过来人"眼里,似乎都是幼稚的想法。可是,如果你听了他们的话,那么你这辈子所走的路,不过是别人给你设计好的一个框架,或者说就是在"复制"他人的人生。

生活中,总会有这样的时刻,总会有不同的声音充斥在耳边,我们到底该如何抉择?在回答这个问题之前,我们不妨回顾一段有关"沉香"的故事,或许它能带来一些启示:

有一个富有的木材商人,担心自己死后儿子会因为继承了大笔的财富而好吃懒做,不务正业,最终坐吃山空。为了给儿子一点人生启迪,他决定趁着自己身体还健康的时候,让儿子了解一下自己年轻时奋斗的经历,以此作为鼓舞。

听了父亲的讲述,儿子很感动,他决定独自去闯天下,去打拼。他跋山涉水,历经千辛万苦,终于在一片热带雨林里找到了一种能够散发出浓郁香味的树木。这种树木很奇特,把它放进水里,它不会浮到水面上,而是沉到水底。他相信,这肯定是价值连城的宝贝,就满心欢喜地把香木运到市场去卖。

—— · 05 断：该做的事没人能替你，想要的笑没人能给你 · ——

当地的人们从未见过这种树木，而且从表面上看，谁也看不出这香木有什么特别之处。几天下来，他的生意惨淡，几乎无人问津，再看他身边卖炭的老头，半天工夫就能卖掉一车木炭，生意红火得很。

一开始，富商的儿子还挺有信心，觉得自己的宝贝肯定能卖个好价钱，只是需要点时间让大家了解它的好处。可是，转眼半个月过去了，眼看着别人每天都能获得收入，自己却像一个旁观者，他有点着急了。一个月之后，他彻底改变了自己的初衷，把香木都烧成了木炭，结果木炭很快就卖了出去。他紧紧握着卖炭的钱，迫不及待地回了家，想告诉父亲，自己已经可以独立闯荡世界了。

商人听完儿子的讲述，老泪纵横，叹了口气说："孩子啊！你烧成木炭的香木，是世上最珍贵的树木——沉香。你只要切下一小块磨成香粉，它的价值远远超过那一车的木炭。"

也许，商人难过的不是儿子少赚了多少钱，而是他没能守住自己的"沉香"，让原本最珍贵的香木，变成了最平常的木炭。换而言之，每个人都有一段属于自己的"沉香"，重要的是，你有没有勇气和胆量自始至终地坚定自己的选择？

麦克斯·威尔医师在罗斯福执政期间，曾负责为总统夫人的一位朋友做一个手术。

事后，罗斯福夫人邀请他到白宫去。他在那里过了一夜，据说隔壁就是林肯总统曾经睡过的房间，他为此感到无比荣幸。

那天晚上，他想着隔壁就是总统睡过的房间，根本没有睡意，他开始用白宫的文具和纸张写信给母亲、朋友……

他在心里对自己说："麦克斯，你真的来到白宫了，这是多少人梦寐以求的事情啊！"

第二天一早起来，他下楼用早餐，总统夫人已经等在那里了。他吃着盘中的炒蛋，心里想着回去以后该如何向自己的家人和朋友描述这个美好的情景。

但是，问题出现了，因为仆人又送来了一托盘的鲑鱼，而他什么都吃，就是从不吃鲑鱼，因此畏惧地对着那些鲑鱼发呆。

罗斯福夫人向麦克斯微笑，指着总统先生说："他很喜欢吃鲑鱼。"

麦克斯考虑了一下，心想："我是什么人？怎么能怕鲑鱼？总统都觉得好吃，我就不能觉得很好吃吗？"

于是，他切着鲑鱼，并混着炒蛋一起吃下去。结果，他从下午开始就浑身不舒服，一直到晚上仍然非常想呕吐。

后来，麦克斯一直思索，这件事有什么意义呢？他在著作《心灵的慧剑》中写下了自己的感想："很简单，其实我一点也不想吃鲑鱼，而且根本也不必吃，但是我为了附和总统而背叛了自己。虽然这是件小事，很快就过去了，可是换个角度想，这不正是许多人为了成功最常碰到的陷阱之一吗？"

自己拿主意，当然并不是一意孤行，孤芳自赏，而是忠于自己，相信自己，不轻易被别人的思想所左右。但是生活中，人人都难免有从众心理，常常会为了顾及面子而依附于他人的思想和认知，从而失去独立的判断，处处受制于人。这真是一种莫大的悲哀，作为一个人，我们要有自己的主见，不可盲目地追随别人。

每个人都会在乎别人的看法，但是，任何事物都有一个"度"，一旦你常常让别人的看法代替自己的看法，这就是一个危险的信号了。虽然人都是群居动物，都难免有从众心理，但是人生的路还要靠自己走，如果你一味地人云亦云，被人牵着鼻子走，最后迷失自己，得不偿失。

5.你最大的问题是不懂欣赏自己

从小陈妍似乎就没有什么好朋友，因为她觉得自己长得丑，大家好像都看不起她。上学后，在来来往往的人群中，她总是一个人，孤单的丑小鸭没有朋友。陈妍非常自卑，因为对于自己的容貌非常不看好，所以她十分讨厌镜子，讨厌一切能映出她容貌的东西。

可是，有一天，陈妍坐公车去市里的图书馆查资料，就在车子快到图书馆时,她看到一个穿白色上衣的女孩走了上来,一看到她陈妍的心就禁不住痛苦地抽动了一下,因为那就像一张带着丑陋面具的脸——她的脸有被严重烧伤的痕迹。

陈妍赶紧低下了头,她甚至不敢看第二眼,但天生的好奇心让她再次抬起了脸,此刻,她被深深震撼了。

那个女孩的脸上自始至终都挂着甜美的微笑,没有任何的自卑和忧愁,即使面对满车人,她也没有躲闪,而是大大方方地和她的母亲说着话,偶尔她还会娇羞地向母亲撒娇。陈妍的心突然充满了许久不曾有过的激动,一直以来她都选择低头逃避,恨不得整日把自己关在屋子里,从来不敢抬头挺胸地走路,她自卑,她害怕,她怯懦。陈妍以为只有那些长得好看的女孩,才能撒娇甜笑。她不由地对那个女孩心生敬佩。

那对母女下车后,陈妍冲动地做了一个决定,她也跟着下了车,并且有些莽撞地走到那对母女面前,有些怯弱地说:"我——我总是因为自己的容貌而自卑,可是看见你的笑容,我不知道能不能……"

那位母亲似乎一下明白了陈妍的意思,她微笑着对我说:"你长得很可爱,很清纯,难道你都没有照镜子发现自己的美吗?"听完这句话陈妍呆了,从来没人这样对她说过,就连她的父母都因为她的丑而苦恼。

那位母亲又接着说:"我的女儿也很美,她的脸上永远充满自信和阳光,她有什么可自卑的呢?你也一样,有什么可自卑的呢?"

是的,你有什么可自卑的。世界上有千千万万的人,然而却只有一个独一无二的你,那么你又何必自卑?

很久以前,在法国的一个小镇上有一位非常出色的裁缝。他裁制的衣服远近闻名,更有很多客人为了拥有一件他亲手裁制的衣服不远万里而来。到了晚年,深知自己时日不多的老裁缝叫来平日最看好的徒弟,拿起自己平时裁制衣服时用的剪刀说:"我老了,拿起这把剪刀手已经开始颤抖了。我需要找到另一双足以拿稳这把剪刀的手。你懂我的意思吗?"徒弟抹去眼角的泪水说:"我懂。您是想要找到一位和您一样出色的传承人。"

老裁缝笑着点点头:"但这并不是一件容易的事。这个人不但要有一流的手艺,还必须有丰富的创造力和敢于尝试的勇气。你能帮我找到这样的一个人吗?"

"能,我会竭尽全力的。"徒弟点头说。

自那日起,徒弟开始用心在老裁缝的其他几个徒弟里寻找合适的人选。但他一次一次的提议,都被老裁缝拒绝了。一日,老裁缝再次把这位徒弟叫到自己的病榻前说:"这些日子你辛苦了。可你的那些师兄弟其实都不太合适。依我看,你是不是应该把目光放到他们之外的人身上。"然而,徒弟并没有明白他的意思,立刻站起来说:"我明白了!我会尝试在其他渠道寻找的,只在师父的几个徒弟里寻找,路子实在是太窄了！"

老裁缝吃力地握住徒弟的手说："你为什么没能够将目光放在自己的身上？最让我称心的传承者其实就是你自己！可你一直都不相信自己有这个能力，才总是把目标锁定在别人身上。每个人，都有自己的闪光之处，只是在于你有没有看到这个闪光点，并且很好地挖掘它，让它绽放出更耀眼的光芒。"

自卑者的悲剧在于，他们永远看不到自己身上的优点与闪光点，即使他人再三告知，他们仍然半信半疑。就像故事里的老裁缝，一直希望优秀的徒弟继承自己的事业，直到临终，徒弟才明白自卑的实质不是谦虚，而是在贬低自己，既贬低自己的能力，也贬低他人的眼光。

世界上还有一些人，旁人都认为他们会自卑，他们却总能靠自己的勇敢证明自己"能行"。曾听说一个失去双腿的小女孩在手术后放声大哭，哭过后，她拿起一张纸，写出长长一串自己的优点，比如眼睛很有神，性格很温柔，写字很漂亮，有三个要好的朋友，学习成绩一直第一等。她靠这种方法度过了最困难的时期，让自己坚强自信。每个人都不完美，但每个人都应该活得自信，要接受自己，欣赏自己，相信自己独一无二。

6.遵循己心，大声说"不"

在这个社会上生存，难免会遇到别人请求我们帮助的时候。这些事情中有我们力所能及愿意去做的，也有超出我们能力范围不想去做的。但由于人们都碍于面子，所以产生了一种"不好意思拒绝对方"的心理。在这所谓的"面子"之下，我们常常对"不"字难以启齿，生怕对方会因此而感到生气，更担心如果说了"这件事我做不到"之后就会失去自认为很重要的"面子"，从而破坏了自己在别人心目中的形象。

所以，在大多数情况下，我们都会半推半就地同意帮忙，但这却导致了我们自己总是心不甘情不愿地去完成一些原本就可有可无的请求。更悲惨的是，一旦办事不利，没有解决好问题，我们还会吃力不讨好，不仅招致对方的埋怨，更会伤害双方之间的感情。于是你悔不当初，不停地问自己，为什么当时的我就没有勇气大声说"不"呢？

而且，从某种意义上来说，懂得如何拒绝他人，也是一件"利人利己"的事情。汪国真所言甚至："当你无法拒绝他人的无理要求时，你其实正是在做一件害人害己的事情。"这里所谓的害人是指助长了他人惰性的恶习养成，害己则是违心去做自己不愿做的事情，从而使自己压力倍增。

因此，勇敢地说出自己真实的想法和感受，大声地宣告爱恨情仇也是非常重要的，当然也是必要的。因为只有这样别人才会知道你想要什么、讨厌什么和拒绝什么，这也等于告诉别人：这是我的心理底线，不要跨越它。否则，如果一味地忍让、退步和沉默，人们就会觉得：你喜欢这样，而且心甘情愿，你不会生气发火，更不会心存芥蒂。一旦这样，在与他人交往的过程中，双方之间的关系分寸就模糊了，而你自己往往就是那个最终受到伤害的人。

玛丽亚在上大学一年级的时候，每月只有5英镑生活费，这本该够用了，可是她却时常感到拮据。因为她不懂得拒绝，比如有同学邀她参加聚会，尽管当时她的口袋已经不富余了，可是她还是硬着头皮说："行。"这意味着第二天她的午饭将没有着落。可是有什么办法呢，总不能拒绝吧，那会让别的同学看不起自己的。

为了应付这些聚会，玛丽亚只得节衣缩食，可即便是这样，她的钱仍然常常不够用。这不，她现在只有20先令了，还得维持到月底，就在这时候，她收到姨妈的信，姨妈说下周四要进城，要她陪自己吃午饭。

姨妈是玛丽亚母亲的姐姐，对玛丽亚视如己出，疼爱有加。玛丽亚绝对没有拒绝的理由，但是吃饭也是不能要姨妈掏钱的。可是，自己就剩这20先令了怎么办呢？

周四很快就到了，玛丽亚的姨妈已经找了她，并要与她去吃午饭。玛丽亚囊中羞涩，心想：我知道一家合适的小饭店，在那儿可以一人花3先令吃顿午饭。那样的话，我就可以剩下14先令用到月底了。

可是，她不敢这样建议，姨妈好不容易进城一次，自己要让她做主啊。正在这时，姨妈说："玛丽亚，咱们去哪里吃饭呢？"

玛丽亚虽然嘴上说："姨妈，您决定吧。"但是她心里在祈祷，姨妈千万不要去太贵的地方哦。

这时，她却听到姨妈说，"午饭我从不吃得太多，一份就够了。咱们去一处好点儿的地方吧。"

玛丽亚答应着，心理暗暗叫苦，不过好在姨妈对这里并不熟悉，自然要由玛丽亚带路。玛丽亚就领着姨妈朝她早已选好的那家小饭店的方向走去，没想到姨妈突然指着街对面的那家"大皇宫"说："那儿不是挺好吗？那家餐馆看上去不错。"

玛丽亚说："嗯，好吧，如果比起我们要去的地方您更喜欢的话。"她想自己可不能说："亲爱的姨妈，我的钱不够，不能带您去那豪华的地方，那儿太贵了，花钱很多的。"

走进那家装修豪华的饭店，玛丽亚想：或许买一份菜的钱还是够的。侍者拿来了菜单，姨妈看了一遍后说："吃这份好吗？"

那是一道法式烹饪的鸡肉，是菜单上最贵的：7先令。玛丽亚为自己点了最便宜的菜，花费3先令。这样，她用到月底的钱就还剩下10先令，不，9先令，因为还得给侍者1先令小费呢。

"这位女士，您还要什么吗？"侍者说，"我们有俄式鱼子酱。""鱼子酱!"姨妈叫道:"啊!那种俄国进口的鱼子,棒极了!我可以要一些吗?"

玛丽亚心想这该死的侍者赶快走开吧,但她不好意思说:"哦,您不能,那样我用到月底的钱就只有5先令了。"于是,姨妈又要了一大份鱼子酱,还有一杯酒以及那份鸡肉。

玛丽亚算了算,只剩下4先令了,好在4先令还够买一周的奶酪面包,她就松了口气。

可是,姨妈刚吃完鸡肉,又看见一个侍者端着奶油蛋糕走过。"嘿!"她说,"那些蛋糕看上去非常好吃。我不能不吃!就吃一个小的。"现在只剩3先令了,玛丽亚有点垂头丧气,可是她不能表现出来,那会让姨妈伤心的。

这时侍者又端来一些水果,姨妈肯定还会吃一些。当然,还得喝些咖啡,尤其是她们在吃了这么好的午饭之后。

"没有啦!甚至准备给侍者的1先令也没有了。"玛丽亚在心里叫道,可是没有人能听到。

账单拿来了:20先令。玛丽亚在盘里放了20先令。没有侍者的小费,姨妈看了看钱,又看了看玛丽亚。"那是你全部的钱?"她问。"是的,姨妈。""你全用来招待我吃一顿美味的午饭,真是太好了,可是太傻了。""啊不,姨妈。""你在大学学语言吗?""对。""在所有的语言当中,哪个字最难念?""我不知道。""就是'不'这个字。随着你长大成人,你得学会说'不',无论对谁。我早就知道你没有足够的钱上这家餐馆,可是我想让你得个教训,所以我不停地点最贵的东西,看你是不是懂得拒绝,可是你没有。哦,可怜的孩子!"

最后姨妈付了账,并给了玛丽亚5英镑作礼物。

其实,我们每个人在成长的过程中,都会受到各种来自周围同学、朋友的建议或怂恿。基于此,在面对无理的要求或超出自己能力范围的事情时,我们必须要学会勇敢、明确地大声说"不"。

学会适时地拒绝他人,因为你并不是"超人",也不可能让所有的人都感到满意。所以不论何时学会遵从己心,尽快做出判断,决定自己是答应还是拒绝。但拒绝并不是表示弱势也不意味着是逃避或偷懒,相反它正是一种负责任的行为,不仅是对自己,更是对他人负责。

总之,在该说不时就应该大声说出来!懂得如何拒绝别人,我们才会更加坦率,更加忠于自己,也就不会再为他人之愿所累了。正如伏尔泰所言:当别人坦率的时候,你也应该更加坦率,你没有必要替别人付晚餐,更不必要为他人的无病呻吟而伤心流泪。面对每一个使你陷入这种心不甘情不愿又逼不得已的难局中的人时,你应该坦率地大声说"不"。所以,学会拒绝他人吧,不要再为讨好别人而勉强自己做不想做的事情,更不要做他人思想的奴隶。

06 梳

奈何桥下的莲花，见证了谁与谁的两世繁华

  人这一辈子就像是一条河流，在险滩的时候，你遭遇了激流，因此，你便学会了在日后的风雨中如何搏击。成长就是这样一种经历，当蜕变的痛苦渐渐淡去，你拥有了重新去爱的能力，蛹化成蝶的日子也就不期而至了。

● ● ● ● ● ●

1.月有圆缺，缘有聚有散

  从前有个书生，和未婚妻约好在某年某月某日结婚。但到了那一天，未婚妻却嫁给了别人。书生受此打击，一病不起。家人用尽各种办法都无能为力，眼看书生奄奄一息。这时，路过一游方僧人，得知情况，决定点化一下他。僧人来到他床前，从怀里摸出一面镜子叫书生看，书生看到茫茫大海，一名遇害的女子躺在海滩上。这时，走过来一个人，看一眼，摇摇头，走了……又走过来一个人，将自己的衣服脱下，给女士盖上，走了……又走过来一个人，在旁边挖个坑，小心翼翼地把尸体掩埋了……

疑惑间，画面切换，书生看到自己的未婚妻，洞房花烛，被她丈夫掀起盖头的瞬间……

书生不明所以。僧人解释道："那具海滩上的女尸，就是你未婚妻的前世。你是第二个路过的人，曾给过他一件衣服。她今生和你相恋，只为还你一个情。但是她最终要报答一生一世的人，是最后那个把她掩埋的人，那人就是他现在的丈夫。"

书生大悟，从床上坐起，病愈！

书生悟到了什么呢？

爱情要随缘。相识是一种缘分；彼此相爱，也是一种缘分；最终不能走到一起，也是一种缘分。

千里姻缘一线牵。一对有情人从相遇到相知，从相知到最终相恋相依，或许仅仅缘于一个微笑、一次偶遇，有时甚至会是一个美丽的错误。于是，他们牵手人生路，相伴风雨行。人们常说："缘，妙不可言。"

何为缘？

世间万事万物皆有相遇、相随、相伴的可能性。有可能即有缘，无可能即无缘。

缘，无处不有，无时不在。你、我、他都在缘的网络之中。常言道："有缘千里来相会，无缘对面不相识。"万里之外，异国他乡，陌生人与你哪怕是相视一笑，这也是缘。也有的虽心仪已久，却相会无期。

关于缘的故事很多，不得不提"钱夹里的信"这个故事。

多年前的一个寒冷无比的日子，我在街上捡到一个钱包。钱包里没有任何身份证件，只有三美金和一封皱巴巴看来放了很长时间的信。

在泪迹斑斑的信封上唯一能看清的是写信人的地址。我打开才发现这封信写于1924年——那差不多是60年前。我仔细地读起来，希望能从中找到一些关于钱包主人的线索。

这是一封绝交信。写信人有着一手娟秀的笔迹，她在信中告诉这个名叫麦克的收信人由于自己母亲的反对他们不能再见面了，但不管怎样她将永远爱他。信的末尾署名：汉娜。

这是一封优美的书信，但除了麦克这个名字，我无法再确认更多关于主人的身份了。也许我可以让电话接线员根据信封上的地址找到电话号码。

"接线员，我有个不情之请，我正在为捡到的钱包寻找主人，你有办法找到钱包里信上所写地址的电话吗？"

接线员将我转给了她的管理者，她说查到了地址下面所列的电话但不能直接把号码告诉我。不过，她会把电话打过去并解释事情的起因，如果当事人愿意接电话的话，再联络我。我等了一会她就回到线上:"这有位女士要和您说话。"

我问这女人是否认识一个叫汉娜的人。

"噢,当然认识!30年前我们就是从汉娜一家那买到这个房子的。"

"你知道他们现在可能住在哪里吗?"

"多年前汉娜就把她母亲送入了养老院,或许那里可以帮助你找到汉娜。"

那女人给了我那家养老院的名字,我打电话过去才知道汉娜的母亲已经去世了。接电话的女人还给了我一个她认为有可能找到汉娜的地址。

我再次拨通了电话,接电话的女人解释说汉娜现在住在养老院,并把电话告诉了我。养老院的电话接通后我被告知:"是的,汉娜在这里。"

我问是否方便拜访她,这时已经是晚上10点多了。主任说汉娜可能已经睡了。"不过你要是真想碰碰运气的话,去休息室看看,她可能在那看电视。"

主任和保安在疗养院的门口迎接了我,并把我带到了三楼,从一个护士嘴里我们确认了汉娜正在看电视。

我们走入休息室。尽管年事已高,一头银发的汉娜看起来非常和蔼可亲,她有一双友善的眼睛,脸上还带着暖暖的笑意。我讲述了发现钱包的经过,并把那封信拿给她。她一看到它就深深吸了口气。"小伙子,"她说,"这封信是我和麦克最后的联系。"她把脸转过去好一会儿,然后若有所思地说:"我非常爱他。可那时我只有16岁,妈妈觉得我太年轻了，而他又是那么英俊。知道吗？就像那个演员肖恩·康那利。"

我们都笑了。主任离开了房间让我们单独交谈。"嗯，他的名字叫麦克·高斯顿。如果你找到他，请告诉他我仍然常常想念他，我也从未嫁人。"她说着，面带微笑，眼眶里闪动着晶莹的泪花，"我想再也没有任何人比得上麦克。"

我谢过汉娜，向她告别再坐电梯回到一楼。当我站在门口时，保安问我："那位老妇人帮到你了吗？"

我告诉他汉娜又给了我一些线索。"至少我知道他的姓氏了。不过我可能短时间内不会再查找这件事了。"我解释说为了找到这个钱包的主人我已经花了整整一天的时间了。

说着话的同时，我把配着红色系带的棕皮钱包拿出来给保安看。他拿近了仔细看着，说："嘿，我在哪里见过的。那是高斯顿先生的钱包。他总是弄丢钱包，我都至少有三次在礼堂里捡到过它。"

"谁是高斯顿先生？"我问。

"他是八楼的一位老人。那肯定是麦克·高斯顿的钱包，他经常出门散步的。"

我谢过保安并快步走回主任的办公室，告诉他保安的话。主任陪着我又来到了8楼。我心中暗暗祈祷着高斯顿先生没有上床睡觉。

"我想他还在休息室里，"护士说，"他喜欢在晚上看书，他是个可爱的老人。"

我们走向那间唯一亮着灯的房间,一个男人正在读着一本书。主任问他是否遗失了钱包。麦克·高斯顿抬起了头,摸摸后面的口袋才说:"上帝啊,真的不见了。"

"这位先生捡到了一个钱包,是您的吗?"

当他看见钱包的那一刻,脸上浮现出安慰的笑容。"对。"他说,"就是它。一定是我今天下午掉的。我要给你一些报酬。"

"噢,不用了。"我说,"但我必须告诉你,为了找到钱包的主人我已经看过这封信了。"

微笑从他的脸上消失了:"你看过这封信?"

"我不止读过这封信,我想我还知道汉娜的下落。"

他的脸一下子变得苍白:"汉娜?你知道她在哪?她怎么样?她还和以前一样美丽吗?"

我迟疑了。

"请告诉我!"麦克催促着。

"她很好,还和当年你们认识的时候一样漂亮。"

"你能告诉我她现在哪吗?我想明天就给她打电话。"

他一把抓住我的手,说道:"你知道吗?当我收到这封信的时候,我的生命也终结了。我从未结过婚。我想我一如以往地爱着她。"

"麦克,"我说,"跟我来。"我们三个乘坐电梯来到三楼,再朝着汉娜所在的那间休息室走去。她还在看电视。主任走到汉娜面前。

"汉娜,"他柔声说,"你认识这个人吗?"我和麦克在门口停下等候。

她扶了下眼镜,看了一会,什么也没有说。

"汉娜,这是麦克。麦克·高斯顿。还记得吗?"

"麦克?麦克?是你!"

他慢慢地走到她身边,汉娜起身和他拥抱在一起。这两人手拉着手在沙发上坐下就开始聊起来。我和主任走出去,我们俩都哭了。

"看看仁慈的主所作的一切,"我感慨地说,"上天注定的,终归是你的。"

三周以后,我接到了养老院主任的电话,他问我:"这周日你有空来参加一个婚礼吗?"还没有等我回答,他就接着说:"是的。麦克和汉娜终于要共结连理了!"

这是个非常有意思的婚礼,养老院所有的人都参加了这个典礼。汉娜穿着米色的衣服,看起来美丽动人。而麦克穿一套黑色礼服,又高又挺。疗养院还给了他们俩自己的房间,如果你想看看76岁的新娘和78岁的新郎就像少男少女般甜蜜的模样,你一定要来瞧瞧他们这一对。

持续了近60年的爱情终于有了个完美的结局。

据说爱情是月老手中的红线,有缘千里一线牵,命中注定的两个人即使远隔千里,也会聚在一起。相反,没有缘分的人,即使走在同一条街,也会擦肩而过。缘分的到来谁也不能预料,缘分要走的时候谁也留不住,所以人们才会说缘分难求。面对缘分,我们唯有随缘,珍惜它的到来，珍惜它给自己带来的幸福，当它要走的时候，也不要苦苦挽留，潇洒地和它告别，人生还长，总会有另一份缘分值得你去付出。

2.你若不疑，情必无恙

这个世界上，真相只有一个，可是在不同人眼中，却会看出不同的是非曲直。这是为什么呢？其实，道理很简单，因为每个人看待事物，都不可能站在绝对客观公正的立场上，而是或多或少地戴上有色眼镜，用自己的经验、好恶和道德标准来进行评判，结果就是——我们看到了假象。

所以说，我们眼睛看到的未必是真的，心里猜想的也未必是对的，不要太执着于自己的想法，很多事，你猜来猜去也猜不明白，与其如此，不如放轻松，顺其自然。

一天，一个盲人带着他的导盲犬过街时，一辆大卡车失去控制，直冲过来，盲人当场被撞死，他的导盲犬为了守卫主人，也一起惨死在车轮底下。

主人和狗一起到了天堂门前。一个天使拦住他俩，为难地说："对不起，现在天堂只剩下一个名额，你们两个中必须有一个去地狱。"

主人一听，连忙问："我的狗又不知道什么是天堂，什么是地狱，能不能让我来决定谁去天堂呢？"

天使鄙视地看了这个主人一眼，皱起了眉头，想了想，说："很抱歉，先生，每一个灵魂都是平等的，你们要通过比赛决定由谁上天堂。"

主人失望地问："哦，什么比赛呢？"

天使说："这个比赛很简单，就是赛跑，从这里跑到天堂的大门，谁先到达目的地，谁就可以上天堂。不过，你也别担心，因为你已经死了，所以不再是瞎子，而且灵魂的速度跟肉体无关，越单纯善良的人速度越快。"

主人想了想，同意了。天使让主人和狗准备好，就宣布赛跑开始。她满心以为主人为了进天堂，会拼命往前奔，谁知道主人一点也不忙，慢吞吞地往前走着。更令天使吃惊的是，那条导盲犬也没有奔跑，它配合着主人的步调在旁边慢慢跟着，一步都不肯离开主人。天使恍然大悟：原来，多年来这条导盲犬已经养成了习惯，永远跟着主人行动，在主人的前方守护着他。可恶的主人，正是利用了这一点，才胸有成竹，稳操胜券，他只要在天堂门口叫他的狗停下就可以了。

天使看着这条忠心耿耿的狗，心里很难过，她大声对狗说："你已经为主人献出了生命，现在，你这个主人不再是瞎子，你也不用领着他走路了，你快跑进天堂吧！"

可是，无论是主人还是他的狗，都像是没有听到天使的话一样，仍然慢吞吞地往前走，好像在街上散步似的。果然，离终点还有几步的时候，主人发出一声口令，狗听话地坐下了，天使用鄙视的眼神看着主人。这时，主人笑了，他扭过头对天使说："我终于把我的狗送到天堂了，我最担心的就是它根本不想上天堂，只想跟我在一起……所以我才想帮它决定，请你照顾好它。"天使愣住了。主人留恋地看着自己的狗，又说："能够用比赛的方式决定真是太好了，只要我再让它往前走几步，它就可以上天堂了。不过它陪伴了我那么多年，这是我第一次可以用自己的眼睛看着它，所以我忍不住想要慢慢地走，多看它一会儿。如果可以的话，我真希望永远看着它走下去。不过天堂到了，那才是它该去的地方，请你照顾好它。"说完这些话，主人向狗发出了前进的命令，就在狗到达终点的一刹那，主人像一片羽毛似的落向了地狱的方向。他的狗见了，急忙掉转头，追着主人狂奔。

满心懊悔的天使张开翅膀追过去，想要抓住导盲犬，不过那是世界上最纯洁善良的灵魂，速度远比天堂所有的天使都快。所以导盲犬又跟主人在一起了，即使是在地狱，导盲犬也永远守护着它的主人。

天使久久地站在那里，喃喃说道："我一开始就错了，这两个灵魂是一体的，他们不能被分开……"

猜疑就好像一条无形的绳索，束缚了人的手脚，使人远离朋友，远离人群，连爱情也会远去。你猜别人，别人也猜你，猜来猜去，一切成空。

她对婚姻莫名的恐慌好像是从丈夫升职为总经理,回家的时间越来越少的时候开始的。当他说晚上有应酬不回家的时候,她会忍不住想也许是和某个年轻漂亮的女人在一起,他晚归,她会趁他睡熟时查看他的手机短信,像贼一样拎起衬衣仔细地闻、仔细地看。

对于她的怀疑和侦查,他不是没有察觉,他讨厌她疑神疑鬼的样子。争吵日益频繁,她的心情越来越糟糕,开始在朋友的建议下去看心理医生。心理医生听了她的倾诉后说:"周末会在公园举行一次活动,到时候带着你丈夫过来吧。"

周末的时候,她和丈夫去了,那天去的都是夫妻。心理医生让妻子们面朝他站成一排,然后,命令丈夫们站在后面一排做好救助准备,待他喊了"开始"之后,前一排的妻子就往后一排相对位置的丈夫身上倒。他说:"夫妻是世界上最亲密的人,所以,你们不要有顾忌,要尽力往后倒,好,开始!"女人们都嘻嘻哈哈地笑着,身子一点点地往后倒,她也往后倒着,但是暗自掌握着身体的平衡,她担心,后面的那个人不会好好地接着她。果然,她听到了接二连三的"扑通"声,原来有心实的女人真的往后倒去,结果站在身后的丈夫却没有认真地去抱倒过来的妻子。从地上爬起来的女人眼中都有了泪水,失手的丈夫们也满脸通红。她暗自庆幸自己多了个心眼儿,回过头却看见丈夫脸色阴沉地看着另外几对夫妻。那几对都是妻子真的往后倒,而丈夫倾尽全力接抱的。

―― · 06 梳:奈何桥下的莲花,见证了谁与谁的两世繁华 · ――

心理医生指着那几对抱在一起的夫妻说,他们是这次实验中表现最为出色的人。他说:"在这里,妻子为大家表演了'信赖'。信赖就是真诚地抽干心里的每一丝猜疑和顾忌,百分之百地交出自己。丈夫为大家表演的则是'值得信赖'。值得信赖其实是信赖催开的一朵花,如果信赖的土壤过于贫瘠,那么这朵花就不会生长,更不会开放;当然如果信赖的土壤肥沃松软,值得信赖这朵花就会开放得非常美丽。先生们女士们,我知道你们当中有很多人都在婚姻中感到了困惑,常常感叹自己的不幸福。在这里,通过这个活动我想告诉大家的是,信赖别人是一种幸福,值得信赖也是一种幸福,想要幸福,首先学会的就是要懂得信赖!"

她在那一刻恍然明白自己为什么没有真实地向后倒去了。

那天回到家,她和丈夫又玩了一次那个游戏。她问:"亲爱的,你会抱住我吗?"后面的人说:"会,我会的。"她闭上眼睛,直直地向后倒去,她能感觉到丈夫很努力地支撑着她已经发福的身体。泪水从眼里流了出来,她再一次找到了通向幸福的那扇门。

感情不是靠一方的强力控制来维持的。猜疑会给双方带来伤害,一旦有了猜疑,信任会像钙一样流逝。一旦婚姻中缺失了钙,就容易出现裂痕。只有彼此信任,感情才会越来越深,亲情也会更加浓郁,家庭才能幸福美满。

章含之的《跨过厚厚的大红门》中有这样一段描述:"有一次,别人看到乔冠华从一个瓶子里倒出各种颜色的药片含到口里很奇怪，问他吃的是什么药。乔冠华对着章含之说：'不知道，含之装的。她给我吃毒药，我也吞！'"

听到这样的话，不知道你是否会为之动容，这是怎样的一份信任和爱情啊。乔冠华对爱的理解真是深刻，每一个深深爱着的人，都应该首先相信你的爱人，不能做到信任，婚姻又有何幸福可言呢？

幸福美满的婚姻，恰如一部悦耳动听的交响曲，夫妻间的互相信任，如同其中最华美的乐章，没有信任这个乐章，婚姻这部交响曲就会黯然失色，甚至有可能无法继续演奏下去。

3.卑微也换不来尘埃里开出的野花

张爱玲曾经说过："遇见你我变得很低很低，一直低到尘埃里去，但我的心是欢喜的。并且在那里开出一朵花来。"可是即便是她低到尘埃里，也换不来胡兰成的爱。

生活中，很多为了爱痴狂的女人都会对朋友这样说过，也都为了爱而宁愿委屈自己。但是，最后输的那个人还是委曲求全的女人。因为，女人再多的委曲求全，在男人的眼里一文不值。

06 梳:奈何桥下的莲花,见证了谁与谁的两世繁华

两年前,苏佳从师范学校毕业被分配到一家子弟小学。她的父亲是机关干部,母亲是一家大型企业的财务总监。

一个周末的晚上,苏佳和闺蜜在酒吧玩,遇上了心中的"白马王子"——穆白。穆白,一米八的身高,国字脸,古铜色皮肤,剑眉大眼,高鼻梁,清澈的双眸炯炯有神。一刹那,一种不可抗拒的力量使苏佳彻底被征服了。后来,穆白告诉苏佳,他是一家房地产公司的职员,典型的凤凰男。

从此,穆白对苏佳展开了猛烈攻势,可是苏佳的父母极力反对,坚决反对将自己的宝贝女儿嫁给一个穷小子。为了不让穆白受到伤害,苏佳给穆白了写了一封长长的信,将横在两人之间的障碍告诉他。

可是穆白并没有知难而退,在一个细雨飘飞的夜晚,他坚定地告诉苏佳:"出身我无法选择。现在,只求你把我当普通朋友,别回避我。"

穆白对苏佳呵护有加,每次走在大街上,他总是将来往的车辆挡在苏佳身外,过马路时,总是牵着苏佳的手。久而久之,苏佳感动了,正式做了穆白的女朋友。

不久,穆白跳槽去一家保险公司做了一名销售员。苏佳知道穆白在为自己努力着,他想尽快挣到一笔钱,让苏佳的父母能瞧得起他。为了扩大业务量,穆白日夜奔波,与苏佳见面少了。穆白对苏佳说:"佳佳,为了你,我必须加倍努力,我要向你的家人和朋友证明,你选择我没有错,爱情是没有门第之差的。"这番肺腑之言,深深打动了苏佳。

可是，他们的相爱就像一枚炸弹，引发了一场家庭大战。苏佳的父母发现他们的地下恋情后，非常愤怒，于是百般阻挠，为此苏佳还和家里闹翻了，彻底与家里决裂了。她从家里搬了出来，搬到了穆白租的房子里过起了幸福的生活。

情人节的前一天，苏佳打算用自己的工资给穆白买一件西装，做为情人节的礼物。于是就和闺蜜约好一起去逛商场。可是，刚走进商场的时候，就看见穆白陪着一个女人正在购物，苏佳彻底懵了。她整了整情绪，给穆白打电话，问他在哪？穆白在电话里告诉她，他正在加班。苏佳顿时眼泪就落了下来。晚上，苏佳并没有质问穆白，她想也许穆白陪领导挑选礼物吧。因为前不久穆白刚刚升职为经理，也许陪客户的吧。苏佳，也知道自己这个理由太牵强，但是苏佳太爱穆白了。她想穆白应该不会做对不起自己的事情。

尽管穆白最近回来越来越晚，周末也常常不在家。可是一想到穆白正在努力为他们的未来奋斗，苏佳所有的疑虑都没有了。

可是一天上午，一个女人来找苏佳。她告诉苏佳，穆白是自己的情人，希望苏佳能离开穆白，她可以给苏佳一笔钱作为补偿。苏佳气愤极了，就去质问穆白。可是刚一说，穆白就立刻跪在苏佳面前，他说："苏佳，对不起，我真的太爱你了，我害怕失去你，所以才不敢将真相告诉你啊。我想等你家人认可了我才慢慢告诉你……"

原来，他来自一个偏僻的农村，家里非常贫困。可是，去年母亲的一场大病,让这个家里更是雪上加霜。而他自己也因为家里经济不好,没上过几年学,就出来打工了。微薄的工资根本负担不了母亲的手术费。于是他就被一位富婆包养了,做了她的地下情人。他坚决地告诉苏佳已经彻底和那个富婆断了联系。苏佳看着眼前跪在她身边的男人,觉得不忍心,于是就不再追究什么了。

于是,苏佳陪穆白找到了那位富婆,希望可以解除那样的关系。富婆答应了,但是提出必须给她三十万。三十万对于穆白和苏佳来说是一笔天文数字,没办法,苏佳只得回家,向父母借了钱,骗父母说她自己想开一家店。

苏佳本想着以后就可以过安稳的日子了。可是,没想到。穆白竟然挪用了客户的保费去炒股了。结果东窗事发,公司一纸诉状将穆白告上了法庭。没办法,苏佳只好向亲戚朋友借钱,终于将挪用的公款补齐了。

随后,苏佳辞了工作,跟随穆白一起去了穆白的老家。在那个偏僻的农村办了一家小型的养鸡场。创业何其难啊,隔行如隔山,养鸡场也不是那么容易开的,终于还是倒闭了。他们背负了10万元的债,为了填补这个巨大的洞,穆白和苏佳决定南下深圳。可是,工作没找到,钱却用完了。一天,穆白兴冲冲地回来,说他有初中同学做了个赚钱的生意,他决定跟着同学做。只要这个生意做成功了,就可以还清这笔债了。穆白让苏佳再想想办法借点钱。苏佳拗不过,最终向父亲借了1万元给了穆白。

一年后的春天,穆白和朋友的生意越做越好了,除了还清所有的欠款，手上还有了些结余。他们终于衣锦还乡，而苏佳的家人也认可了穆白，他们结婚了。

没过多久，苏佳就怀孕了。穆白就让苏佳辞去了工作，做了全职太太。

就当苏佳以为苦尽甘来的时候，一个18岁的女孩找上门，说她怀了穆白的孩子，并扬言要嫁给穆白。当苏佳质问穆白的时候，穆白承认了，并说他喜欢上了那个女孩。苏佳彻底伤心了，于是就和穆白离了婚。

半年后，那个女孩卷了穆白所有的积蓄逃跑了。穆白一下子又回到了那个最初的样子，于是，他找到苏佳要求复婚。苏佳毅然拒绝了。谁知，穆白不死心，常常来骚扰她们母子，甚至还时不时地找苏佳要钱。

苏佳带着儿子回到了父母的城市，经过自己的努力，终于有了自己的事业，也收获了一份幸福的婚姻。

如果你爱他，你就要先爱自己，如果你在乎他，就要先在乎自己。

所以，女人不要再为了男人的爱，而傻傻地委屈自己了。学会做自己，做自己喜欢的，你得到的不仅是爱，而更多的是他对你的尊重。

4.心若安好，便是晴天

爱的航程并非永远一帆风顺，有风平浪静，也会遭遇暴风漩涡，使人突然陷入情感的痛苦之中。面对情感的伤害，有些人开始意志消沉，性情大变，对爱情失去信心。之所以这样，是因为人们对爱情寄予了太多的美好想象和希冀。一个聪明的人要学会放下，主动宽恕他人的错误，才能从容面对这一切。

人生在世，有些东西是必须经历的，比如感情。当我们遭遇感情的伤害时，该如何面对？是蜷缩在伤痛中无法自拔，心中对此耿耿于怀，还是宽恕对方，走出过去，让自己的生活幸福一点？相信每一个人都知道要选择后者。可是，事到临头，很多人还是不知如何应对。一起来看看下面的故事。

在罗丹第一次见到克洛岱尔时，就爱上了她。这一半由于她那带着野性的美；另一半则由于她罕见的才气。而同时，克洛岱尔也主动地向这位比自己年长24岁的男人，敞开了自己纯净和贞洁的少女世界。这完全是由于罗丹的天才吸引了他，因为男人的魅力就是才华。罗丹的一切天性都从属于雕塑——他炯炯的目光、敏锐的感觉、深刻的思维，以及不可思议的手，全都为了雕塑而生，而且时时刻刻都闪耀出他超人的灵性与非凡的创造力。虽然当时罗丹还没有太大的名气，但他的才气已经咄咄逼人。于是，他们很快地相互征服。正当盛年的罗丹与洋溢着青春气息的克洛岱尔，如同疾风暴雨、烈日狂潮般，一同进入了他们爱情的酷夏。同时，罗丹也开始了他艺术创作的黄金时代，而克洛岱尔不过是青涩的学生。

而对于克洛岱尔来说，她所做的，是要投身到一场需付出一生代价的残酷的爱情游戏中去。这是一场赌博，因为，罗丹有他长久的生活伴侣罗丝和儿子，但是已经跳进漩涡而又陶醉其中的克洛岱尔不可能回到岸边重新选择。她和他只得躲开众人视线，在公开场合装作若无其事的样子，寻找任何一个可能的机会，一点空间和时间，相互宣泄无尽的爱与无法克制的欲望。从学院小路到大理石仓库，到莺歌路的福里·纳布尔别墅，再到佩伊思园……两个人沉浸在无比美妙的爱情中。

罗丹曾对克洛岱尔说："你被表现在我的所有雕塑中。"可以看出，克洛岱尔不仅给罗丹一个纯洁而忠贞的爱情世界，还给了他感悟艺术的一切。无论是肉体的、情感的还是心灵的，克洛岱尔给罗丹的太多了。

后来，罗丹名扬天下，克洛岱尔却一步步走进人生日渐黑暗的阴影里。克洛岱尔不堪承受长期厮守在罗丹生活圈外的那种孤单与无望，这种感觉竟纠缠了她15年，最后精疲力竭，颓唐不堪，终于离开了罗丹，迁到一间破房子里，离群索居，她拒绝在任何社交场合露面，天天默默地凿打着石头。尽管她极具才华,却没有足够的名气。人们仍旧凭着印象把她当作罗丹的一个弟子,所以她卖不掉作品,贫穷使她常常受窘并陷入尴尬,还要遭受雇来帮忙的粗雕工的欺侮。这期间,罗丹却已接近成功。他属于那种活着时就能享受到果实成熟的艺术家。他经历了与克洛岱尔那种迎风搏浪的爱情生活后,又返回平静的岸边,回到了在漫长人生之路上与他分担过生活重负与艰辛的罗丝身旁。他买了大房子,过起富足的生活,并且又在巴黎买下了文艺复兴时期的豪宅别墅,以应酬上流社会那些千奇百怪、光怪陆离的人物。这期间,还有几个情人曾进入了他华丽多彩的生活。当然,罗丹并没有忘记克洛岱尔。他与克洛岱尔的那场轰轰烈烈、电闪雷鸣般的恋爱是刻骨铭心的。他多次想帮助她,都遭到高傲的克洛岱尔的拒绝。他只有设法通过第三者在中间迂回,在经济上支援她,帮助她树立名气,但这些有限的支持对于克洛岱尔而言,都是一种屈辱,是一种更大的伤害。

在绝对的贫困与孤寂中,克洛岱尔真正感到自己是个被遗弃者。这种感觉对于她而言如同刀子,往日的爱与赞美也都化为了怨恨。她本来是激情洋溢的性格,逐渐变得消沉。

1905年克洛岱尔出现妄想症,身体很坏,脾气乖戾,狂躁起来会将雕塑全部打碎。1913年3月3日克洛岱尔的父亲去世,克洛岱尔已经完全疯了。她脱光衣服,赤裸裸披头散发地坐在那里。

克洛岱尔从此与雕刻完全断绝,艺术生命就此完结。1943年,她在蒙特维尔格疯人院中去世。

在疯人院里保留的关于克洛岱尔的档案中注明：克洛岱尔死时没有财物，没有任何有价值的文件，甚至连一件纪念品也没有留下，克洛岱尔自己也认为罗丹把她的一切都掠走了。那么克洛岱尔本人留下了什么呢？卡米尔·克洛岱尔的弟弟——作家保罗在她的墓前悲凉地说："卡米尔，你献给我的珍贵礼物是什么呢？仅仅是我脚下这一块空空荡荡的土地？虚无！一片虚无！"

面对逝去的感情时，许多人都只看到了它曾经的美好，只有被这样的感情弄得遍体鳞伤时才明白，原来爱情不仅仅有美好的一面。其实，谁能保证一生只爱一个人，分手是再正常不过的事情。面对失恋，如果总深陷其中，总想做最后的挣扎，甚至认为自己不能生活得幸福，那么谁也别想幸福，在这种念头下，做着最疯狂的事情。这些都是再愚蠢不过的行为。

人这一辈子就像是一条河流，在险滩的时候，你遭遇了激流，因此，你便学会了在日后的风雨中如何搏击。成长就是这样一种经历，当蜕皮的痛苦渐渐淡去，你拥有了重新去爱的能力，蛹化成蝶的日子也就不期而至了。

5.有些人，我们终究会错过

在生活中，当爱成为彼此间的一种束缚时，一定要学会放手，给彼此充分的自由，这样才能在对方面前保持起码的自尊，才能让爱成为生命中的一种永恒的美丽。

遇到他之前，她的生命宛若平静的湖面，没有丝毫的涟漪。直到那天，在毫无防备的状态下，他就那样出现了。在那个人来人往的车站，被大雨困住的她，焦急万分，他送了她一把伞。从此，两个陌生的灵魂便有了交集。

他们相遇的那个车站，名叫国家图书馆。为了还伞，她在车站等过他几次，上天眷顾她的真诚，果然让她等到了他。原来，他每个周末都会到图书馆看书。相熟后，她总是陪着他，安静地不说一句话。有时夕阳的余晖在他的眼睛里跳跃，令她醉得一塌糊涂，挪不开视线。

他在备考英语。她知道，他的女朋友在美国，总有一天他也会离去，到那个陌生的国度，去和他心中所想的人相会。她什么都懂，却总是安慰自己说："没关系，我只是在为自己的幸福做一点力所能及的事。"说得潇洒，可心里隐隐地会疼，会有不舍和不甘。

圣诞来临，窗外白雪皑皑，灯红酒绿的城市里，空气中弥漫着浮华。她请他去广场看烟花，他去了。在烟花开始前的五分钟，出租车却被堵在路口，她趴在他的肩膀上哭了。他安慰她说："没事，看看车窗外，烟花多美。"她探向窗外，烟花虽美，却如此短暂。她只觉得苦，觉得冷。

新年过后，他去了美国。所有的快乐与付出烟消云散，她失声痛哭，心痛难忍，天天跑去酒吧消遣。嘈杂的环境把她的痛苦无限放大，多少次默默流泪到天亮。只过了个把月的时间，她已经变得瘦弱不堪，整个人也是恍恍惚惚。

她有点怨恨命运，为什么偏偏让她遇见了他，而遇见了又要分开？他走了，她觉得自己的心都空了，幸福也没了。她把自己封闭在狭小的世界里，不允许任何人踏进。偶尔，在街头看到甜蜜牵手的情侣，她的心就像被刀划了一样疼，惆怅在心里化作浓烟，熏湿了眼眶。她想象，此刻的他在美国做着什么？是不是和他的她，幸福地漫步在校园？而今，自己的世界里，只剩下孤独与苍凉。

偶然的一天，她在邮箱里看到一封邮件，看日期，是他临走的前几天。邮件上写道："你的心意我懂，谢谢你。与你相处的时光很快乐，可是对不起，我们相遇的时间不对。我相信，你会等到那个爱你并真正属于你的人出现。"

原来，他什么都懂，什么都知道。她对镜独照，看到自己蓬乱的头发和苍白的面孔，有些陌生。这还是原来的我吗？她不禁自问。他印象中的自己，肯定不是这番模样。她振作起来，梳洗打扮一番，穿上最喜欢的衣服，走出了家门。

窗外阳光明媚，冰雪消融，春天悄悄地来了，芬芳满

06 梳：奈何桥下的莲花，见证了谁与谁的两世繁华

园。她忽然觉得，自己能在最美的年华里遇到他，已经是一件幸福的事了。就算没有了后续的故事，但也是一段值得珍藏的回忆。想到这里，她忽然觉得心里暖暖的。他走了，带着她给的爱走了，而留下的，同样是甜甜的回忆与温馨。

生命不就是这样吗？遇见了，一路相伴，那个人教你学会爱，学会生活，学会付出，学会幸福。即使他走了，你还有追逐幸福的权利，还要学会继续寻找爱，付出爱，获得爱。

不是每一朵花都能够如期地开放，也并非每一朵开过的花都能结出果实来。对于感情来说，当你爱一个人而得不到回报的时候，在你付出千般努力也无法得到一个许诺的时候，在你因爱而受伤的时候，千万不要再继续与自己较劲了，要学会放手，给彼此自由。否则，带给你的只有无尽的痛苦和烦恼。

普希金是俄国著名的民主主义战士，也是俄国历史上极为有名的诗人，深得广大人民的喜爱。可是，一个才华横溢的生命，却在一场爱情的变故中消失，几百年来，仍然让人感到惋惜。

1828年，普希金在一个舞会中认识了18岁的娜达利娅。这位漂亮的女孩子犹如刚刚开放的玫瑰，娇艳欲滴，清香诱人。多情的普希金见到之后魂不守舍，认为这就是自己寻找陪伴终生的另一半。当场向娜达利娅求婚，但遭到了拒绝。

普希金并没有因为这次的失败而退缩，开始了漫长的追求过程。终于在1830年的时候实现了心中的梦想。才华出众的普希金和倾城倾国的娜达利娅结合，得到了朋友们的祝福。

结婚之后，普希金陶醉在了幸福之中。而向妻子表达爱意的方式就是他视之为生命的诗歌。可惜，妻子对他的才华并不感兴趣，柔情的诗句在她听来和枯燥的公文一样乏味。有一次，几个朋友来普希金家，朗诵普希金写过的诗歌，娜达利娅只是礼貌地听着，客气而又冷漠地说："朗诵你们的吧，反正我也不听。"她对诗歌的冷淡让朋友们面面相觑。

普希金虽然满腹经纶才高八斗，可是妻子却只是贪图物质享受，爱慕虚荣。两个人在一起，很难找到共同语言。普希金把这位貌若天仙的女子娶进门后，幸福的日子持续了没有多长时间，就被娜达利娅无尽的欲望折磨得疲惫不堪。为了维持妻子体面的生活，普希金在短短的几年之内就欠下了六万卢布的巨额债务。高额的债务把这位浪漫的诗人压得抬不起头来，频繁的应酬使他丧失了宝贵的写作时间。他在给朋友的信中写道："对生活的操心使我没时间感到寂寞，我已经没有单身汉时的自由自在地用来写作的时间了。我的妻子非常时髦，这一切都需要钱。而钱我只能通过写作来获得。而写作需要幽静，单独一人……"然而，作为家庭主妇的娜达利娅却从不关心丈夫的感受，继续出入于各个交际场中，享受着奢侈的生活。

娜达利娅看到当初崇拜不已的丈夫是一个穷光蛋之后，开始了对他漫长的抱怨。在感到这位只懂得长吟短叹的诗人

06 梳：奈何桥下的莲花，见证了谁与谁的两世繁华

无法再支撑她所需要的生活之后，便和一个军官打得火热。妻子的变心让自尊心很强的普希金无法接受，决定采用西方特有的方式，和那个军官决斗，捍卫自己的爱情和尊严。1837年1月27日，两个人的决斗在彼得堡外的黑山进行，在决斗中，普希金的心脏停止了跳动。他的死，让朋友们十分伤心，也让俄国的文坛失去了最灿烂的明星。

爱情是美好的，人类几千年的历史留下了许多让人热泪盈眶的悲欢离合。一个个美丽的传说激励鼓舞着我们在情感的道路上寻找一份内心深处的幸福。可是，命运总是喜欢捉弄感情丰富而又十分脆弱的人们，小心翼翼地呵护着的情感，瞬间化作了过往云烟，留下一个孤独痛苦的身影在黑夜里徘徊，巨大的心灵创伤让多少痴情的种子暗自饮泣，痛不欲生。生活在世的我们，很可能会因为这飞来的横祸而迷失堕落，丧失了生活的信心，失去了寻求幸福的心情，过着以泪洗面的痛苦生活。在这个时候，我们应该从爱情的心酸之中，选择一种理智的思维。情感生活是重要的，却并不是生命的全部，我们应该及时地抽出身来，告别内心的伤痛。毕竟，生活的道路还很长，生命中还有很多值得欣赏的风景。

人生的风景并不是只有一处，在你为逝去的美景哭泣的时候，眼前可能是一幅更美的画卷。不要沉醉于过去的情感，失去了意味着这段情感不适合你，一段更好的感情正在等待你。不回过头，你怎能看到眼前的美景？不放下过去，你怎么会获得自由？

人生犹如一部戏，我们每个人都是戏里的主角，每个人都不可能把自己的角色演到极致而不留一丝遗憾，没有遗憾的人生不是完整的人生。放下过去，还给彼此自由，让彼此生活得更好，这才是真正完美的感情。所以，当你被某些事情纠缠得心力交瘁的时候，一定要告诉自己：只有放下，才能重获快乐和自由！

6.爱情向左，天堂向右

爱情是双人戏，不能一个人演，徐志摩说："我将于茫茫人海寻找唯一之灵魂伴侣，得之，我幸；不得，我命。"与其迷恋一个并不爱自己的人，不如放开执念，去寻找真正的灵魂伴侣。俗话说："天涯何处无芳草。"这句话并不是说一个人应该花心，而是提醒一个人不要在一份不属于自己的爱情上迷失，应该移开自己的目光，去寻找那个真正属于自己的人。

棠景是个痴情的女孩，上大学的时候她就爱上了同校的江滨。为了赢得江滨的好感，棠景帮江滨洗衣服，买生活用品，江滨每次参加校内的篮球赛，棠景都会去看。虽然江滨告诉棠景自己还不想恋爱，但棠景相信，只要自己真心付出就能等来江滨的爱。

离开学校后,江滨在市内一家公司做技术工程师,棠景为了能够和江滨在一起,毅然放弃了父亲在家乡为其找的工作。她下班后经常去江滨单位附近等他,有时周末还主动煲汤给江滨送去,可是落花有意流水无情,终于有一天,江滨告诉棠景,他有女朋友了。这个消息让棠景无法接受,她哭过、闹过,可事实终究无法改变。再后来,江滨与女友结婚了,棠景的希望彻底落空了,她带着满心的痛苦回到了家乡。在没有江滨的城市里,棠景依然无法忘记这个自己深爱着的男人。无论谁给她介绍男友,她都断然拒绝……直到遇见了徐正。

徐正是个画家,棠景是在一家咖啡店里与徐正相识的。他们第一次见面的时候,徐正送了她一幅画,就是棠景在咖啡馆里沉思的一幕。那一次,她竟然感觉被关注是如此幸福……经过几个月的相处,棠景发现徐和自己如此投缘,而且和他在一起的日子渐渐使自己忘记了曾经的不快乐。

不论一个男人有多么优秀,多么有才华,多么让你难以割舍,但是他不爱你,他的心不在你这里。那么,就算他有一万个优点,"不爱你"也成了他最大、最不能原谅的缺点,失去这样一个男人,根本不值得难过和惋惜。

生命不需要无谓的执着,渴望真感情是允许的,渴望有人陪伴也是无可厚非的,但爱情不是单相思,你的一厢情愿只能给被爱的人带来负担,如果他被迫接受,那么两人只能同时痛苦。你喜欢一个人，但他不一定会喜欢你，爱情仅存于两人之间。爱的专一，是指那种被接受的爱，而不是不被接受的爱。如果是后者，还是早点放弃的好。

杏子与男友交往期间，平淡如水。两年内，两人外出约会的次数更是屈指可数。男朋友既不殷勤也不浪漫，电话爱打不打，有时借口说忙，两个星期不打电话也是常有的事，杏子打去问候时，他也频频喊忙。但是，爱情没有道理可言，即使是这样，杏子仍然是全心全意地爱着他。

在漫长的等待中，在一次又一次的失约中，杏子流干了眼泪，气过，也怨过。但是，男朋友一旦邀约，她还是会收拾好泪眼和心情跟他出去。朋友都劝杏子放手，为一个不懂得珍惜自己的男人如此付出，实在不值。因为朋友们都看得出，男方并不珍惜这段感情，游戏的心态明显。但杏子却舍不得，对自己的爱情抱着幻想，以为他不忙的时候就会在乎自己了，以为他们的爱情会出现转机的……

就这样，一拖再拖，又是两年过去了。青春也在一次又一次的空等与伤心落泪中慢慢消失，直到后来男方主动以不愿耽误她为由提出分手。分手后不久，杏子由于不再辛苦等待，心情也不再被人所牵系，再加上朋友的劝导，她慢慢地想通了，而整个人也变得豁然开朗了。心情一好，气色也跟着红润许多，她回想起之前的自己，才发现当时的愚昧，而现在又是何等的轻松快活。

当一个你深爱的男人离开你时，你感觉自己的小世界在瞬间崩塌了，在心情跌落到谷底的同时，天空也随之变得灰暗。这个时候，如果你能很快调整，咬牙挺过最煎熬的那几天，你会惊喜地发现，原来自己的人生依旧精彩，抬头是晴空万里，前方是花红柳绿，之前失去的根本不是整个世界，而不过是一个不爱自己的男人罢了。

是的，有许多人注定是你生命中的过客，擦肩而过的瞬间，他也许会带给你短暂的快乐，但他却不是那个能与你携手共度一生的人。

7.从此无心爱良夜，任他明月下西楼

人生的路上，爱，妙不可言。爱情是盛开在女孩子青春岁月里的一朵玫瑰，芬芳，娇艳。可是，有些人却爱得身心疲惫，伤痕累累，这样的爱情是开在深夜里见不得阳光的"恶之花"，改变了爱情原有的面貌和滋味。这一切只源于爱情里的"小三"。

爱上一个不该爱的人，为什么我们还要爱呢？明知他有家室，给不了自己未来，却依然不管不顾地投入他的怀抱，自己的行为无异于飞蛾扑火。有的时候说自己爱他就足够了，不要求他给你婚姻，但是没有未来的爱情是不可能圆满

的，为何要用爱情的名义来伤害自己呢？

高雅是上海一家金融公司的高层。从业十年，她的职位越来越高，感情也从稚嫩走向成熟。高雅毕业于复旦大学金融系，进入这家公司后，她的上级对她照顾有加，让独自居住在陌生城市没有什么朋友的她感到温暖。

一年后高雅才知道，原来上级有夫人也有孩子，他们都定居在国外，上级是总公司派到分公司来工作的，只能在上海工作五年左右的时间。上级表示，为了高雅，他会尽量延长在上海的工作时间，即使他以后调回总公司，他也能每个月甚至每个星期回来与高雅相聚。这样的关系持续了将近两年，高雅为两个人的关系痛苦，又无法放弃这段爱情。慢慢地父母越来越多地关注她的情感问题，而周围的朋友也陆陆续续走进了婚姻，有了自己的归属。

每到过年雷打不动的各种催婚，让高雅越来越厌倦这样的生活。终于，在即将迈入第三个年头的时候，高雅切断了这段悬崖上的爱。她知道自己想要的爱人应该是可以陪她在阳光下大声笑、大声哭的人。

在现代社会，"第三者"是不容忽视的尴尬角色，有时他们是爱情婚姻的破坏者，为了私人目的搅乱了他人的感情；有的人则是像高雅一样，在不知情的状态下"当小三"，付出了感情不能说收回就收回。既然这段感情是错的，就放手吧，然后去寻找真正能陪伴在自己身边的人。

── · 06 梳:奈何桥下的莲花,见证了谁与谁的两世繁华 · ──

与爱情应有的美好、甜蜜不同,第三者的爱情更多的是痛苦、无奈、煎熬甚至自责。有人把第三者的爱,比做毒酒,常让饮者含恨,他们的结局往往超过爱情本身,甚至惨烈到令人叹息。越是这样,越是让他们欲罢不能,不认输、不甘心。最后,一步步变得偏执而冲动。爱,一旦变成怨和恨,就是一把锋利的刀。伤人,也伤己!

莱温斯基没有进入白宫实习以前,克林顿就是她崇拜的偶像,有朝一日能与美国总统克林顿同在白宫工作,是她人生最向往的事情。然后,她成了白宫实习生。终于有一天,她见到了风度翩翩的克林顿,那时,他是美国历史上最年轻的总统。克林顿第一次见到莱温斯基时,也是对她的美貌"眼睛一亮"。

就是这"眼睛一亮"让莱温斯基"想入非非"整夜失眠,她总在想,总统其实对她是有意思的。于是,在她第二次因工作见到总统时,开始对他放电,她爱上了他。

克林顿感觉到了莱温斯基与众不同的眼神,很快他们相爱了。但是很快,克林顿就将她忘了,她被迫离开了白宫。

莱温斯基痛苦得发疯,把事情与一位同在白宫工作的同事说了出来,那同事又找到了媒体。很快,全世界都知道了。克林顿开始否认他与莱温斯基有染,但最后在事实面前,他不得不承认。

克林顿为此陷入政治危机。但是,他的妻子希拉里此时挺身而出。事后,克林顿继续风光地做着他的总统事业,没有人指责他的不是，但这件事留给莱温斯基除了骂名，没有一点好处。

　　人的一生会面临很多选择，有些事情可以做，有些事情不可以做。爱情也是一样，有些爱情是不被允许的，一个自尊自爱的人不会去做第三者。女人要管住自己的心，理智地控制感情，不要沦为感情的奴隶。自己的青春没有必要浪费在一段阴暗的爱情中，不做第三者，既是尊重别人，也是尊重自己。不必徘徊于这样的恋情，只有属于自己的感情才会让自己幸福一生。当女人遇到错误的恋情时。聪明的女人懂得放手，懂得从第三者的队伍中把自己拯救出来，懂得忘掉伤痛，去寻找属于自己的爱情。

07 离

心若没有栖息的地方，到哪里都是流浪

> 抱怨"我怎么这么倒霉"，和说着"还好我不是最倒霉的"，是截然不同的两类人。

● ● ● ● ●

1.每个人都喜欢上帝的微笑

布兰达是巴黎话剧团的知名喜剧演员，在十几岁的时候，他就能将莫里哀的著名喜剧表演得出神入化，令观众捧腹大笑。在日常生活中，他同样是一个幽默开朗的人。

记者参观他的房间时发现，布兰达的盥洗镜旁放了一张与镜子等大的照片，照片上的布兰达一脸郁闷。布兰达说："每天起床我都会先看一眼这张照片，告诉自己'没有人愿意欣赏你抑郁的脸'，再照镜子的时候，我会努力让自己的表情开朗、朝气,这样别人才能知道我是个快乐的人,而不是倒霉蛋。"

人们常说"人生如戏"。多数人的人生是一部正剧,悲喜交加,苦辣参半;部分人的人生是一幕悲剧,作茧自缚,惨淡收场;只有极少数人将自己的人生当做喜剧,他们很少会悲观绝望,总是愿意相信未来,相信幸福是人生的本质。即使生活平淡,他们也会用笑脸来装点,愉悦自己鼓励他人,就像故事中的喜剧演员布兰达,每天都对自己说:"没有人愿意欣赏你抑郁的脸。"的确,一张面带微笑的脸,比一张写满失落、不满、悲观的脸更有吸引力。

一个7岁的男孩,总吵着说他想见一见上帝。母亲告诉他,上帝住在很远的地方,要走很长的路、经过很长的时间才能到达。男孩当真了,他准备了一个手提箱,里面装满了巧克力,还有几瓶饮料,他要进行一场寻梦之旅。

周末的午后,他拖着手提箱走出了家门。沿着街道一直往前走,不知不觉就穿过了三个街区。他来到了一个公园,看到一位老太太在长椅上坐着,盯着那些时飞时落的鸽子。

小男孩挨着老太太坐了下来,打开手提箱,拿出一瓶饮料。正准备喝时,他无意间发现,老太太正看着自己,她的眼神充满了美慕和渴望,她饿了。小男孩慷慨地拿出一块巧克力,递给了她。

老太太接过巧克力,内心充满了感激。她微笑着看着小

07 离：心若没有栖息的地方，到哪里都是流浪

男孩，笑容温暖而慈祥，亲切而纯善。小男孩心里觉得舒畅极了，感觉整个世界都充满了阳光，四处都是鸟语花香。

大概是被刚刚那份笑容感染了，小男孩还想再看看老人的笑脸，于是他又递给老太太一瓶饮料。这一次，老太太又欣然接受了，并回赠给他一个完美的微笑。小男孩也笑了，露出洁白的牙齿，看上去天真无邪。

那个漫长的下午，他们就那样静坐在公园的长椅上。一边吃，一边笑，自始至终却都没有开口说过一句话。

时间仿佛凝固了，谁也感觉不到它的流动，直到天色逐渐暗了下来，小男孩才意识到夜幕降临了。小男孩累了，他站起身，往家的方向走去。刚走出几步，他却突然转过身，跑到老太太的面前，张开双臂，给了她一个紧紧的拥抱。那个完美而慈祥的微笑，再一次浮现在小男孩的眼前。

小男孩快乐地回到家，拖着手提箱进了卧室。母亲觉得很好奇，这个整天胡思乱想、满脑子古怪想法的孩子，怎么突然间会这么开心？她忍不住问："孩子，发生了什么事吗？你看上去很快乐！"

"妈妈，我与上帝共进午餐了。"小男孩得意地答道。还没等母亲反应过来，他又说道："我开心，是因为她给了我最美好的微笑！她看上去那么慈祥，那么亲切，那么完美！"小男孩一边说，一边露出喜悦的神情，他在回味下午与"上帝"共同度过的美好时光。

与此同时，在另一个家里，也上演着类似的一幕。

那位在公园长椅上静坐的老太太，容光焕发地回到家，

脸上的微笑从未断过。看着她那安详、平和的神情，儿子一脸吃惊，他问道："妈妈，今天发生什么事了吗，您这么开心？"

"孩子，我今天在公园里遇见上帝了，他还和我一起分享了巧克力。"老太太兴奋地说道，脸上的神情似乎在回味与"上帝"共度的美好时光。他的儿子还没反应过来，老太太又说："你知道吗？没想到上帝那么年轻，比我想象中要年轻得多……"

大仲马说，人生就是由烦恼组成的一串念珠。现代人经常为生活中的琐事烦恼。佛家规定念珠有108颗，人生的烦恼远比108要多得多，人们数一遍，还要数第二遍，第三遍，难怪有很多的人会陷入忧愁。他们认为人生只有烦恼，为生活烦恼、为事业烦恼、为爱情烦恼……他们看到了念珠数目繁多，却没看到这些珠子能够被心志磨砺得圆润光滑，很容易就在眼前手间溜过。

人生多风雨，道路总崎岖，但世上的路不止一条，希望不止一个。面对生活，低首蹙眉、郁郁寡欢，不如一路悠然、轻歌曼舞。阅尽世事，就会幡然明白：不管遇到什么，那都是生命的典藏。纵然身处逆境，也可以选择不消沉、不颓废，在坎坷、磨砺中坚强，在苦难和逆境中成长，在痛苦和烦忧中微笑。很多时候，越过风浪，就能一往无前。

2.天黑那就请闭眼，好好享受安静的时刻

说起孤独，人们就会想到离群索居、孤影自怜、孑然一身。在世人看来似乎只有合群才是正常的，才能免除孤单，得到幸福。其实，这只是浅层次的孤独，真正的孤独是一种高贵的品格，一种宁静的心境。

不是所有的人都喜欢孤独，也不是所有的人都能拥有孤独，更不是所有的人都能读懂孤独、享受孤独。粗俗浅薄的人只会无聊，孤独有别于无聊的寂寞，寂寞者的心灵总是空虚孱弱，充满恐惧，往往会在孤独中无奈落寞，迷失方向甚至沉沦颓废。渴望孤独、能尽情享受孤独的人，大多是内心充盈，志存高远，为了自己的心性不受约束，而以独处来构建自己心灵上的世外桃源，保持自己灵魂的洒脱，正如在一般人眼中，雄鹰在空中遨游形只影单，是孤独的，但它所拥有的是整个蓝天。

著名作家、哲学家亨利·戴维·梭罗曾就读于哈佛大学。1845年一个温暖的春天，28岁的梭罗带着一把借来的斧头和一些必备的生活用具，轻快地走进了美国马萨诸塞州瓦尔登湖畔的森林深处。

在他的面前，就是美丽的瓦尔登湖了，轻风在湖面吹起层层闪亮的涟漪，也吹得他思绪飞扬，仿佛在经历红尘

中的繁华与喧嚣后，他终于找到了一个静美的世界，可以映衬自己真实的内心。一个月后，他用在森林中砍来的木材亲手搭建了一座小木屋，这将是他未来的居所。当他夜里躺在床上时，有月光从窗外照射进来，还可以听到外面的森林被风吹得哗哗地响，此刻，他觉得自己离生命的真谛是那样的近。

每一天的清晨，他都会被鸟鸣声所唤醒。上午的时候，他会坐在小木屋前，沐浴着阳光静静地思考；到了下午，他或在湖边垂钓，或在星月斑斓的湖面泛舟……

其实他还有一位"邻居"，那就是早在他来之前便在这里安了家的一只野鼠。每当他吃饭时，它便来到他的脚下，捡食地上的面包屑。慢慢地他们就熟识了，有时会在一起玩，像一对老朋友。渐渐地，善邻都来了，最热闹的便是那些鸟了，最早来木屋安家的，是一只美洲鹞。它居然大模大样地与梭罗共处一室。在屋外的一棵松树上，住着一只知更鸟，每天都为他演奏自然的乐章。在五月里，会有鹧鸪拖家带口地从林中飞到窗前……

除了舒适与安逸，梭罗还要劳动，因为他需要养活自己。可他一年中只劳动六个星期，因为他不需要任何多余的东西，只求温饱就够了，他说："多余的财富只能够买多余的东西，人的灵魂必需的东西，是不需要花钱买的。"

也就是在这种孤独的幸福中，才有那本传世之作《瓦尔登湖》得以从梭罗的笔下缓缓流出，那份恬静与和谐，怎能不挑动读者心底的那根柔软的弦。

07 离：心若没有栖息的地方，到哪里都是流浪

孤独并不可怕，可怕的是对一切失去兴趣。能对人生有热忱，生活才有光亮。因此，在孤独中我们应该鼓起勇气找出自己的路。有了自己的创造与成就，你就可以相信，孤独与寂寞并不如你所想的那样可怕，因为它对你有激励的作用。

王顺友，2007年"全国道德模范"的获得者，是四川凉山彝族自治州木里藏族自治县邮局的投递员。他常年从事着一个人、一匹马、一条路的艰苦平凡的乡邮工作。他走过的邮路往返里程360公里，月投递两班，一个班期为14天，二十多年里，他的送邮往返行程长达26万多公里，相当于走了21个二万五千里长征，绕地球转了6圈。

王顺友负责的马班邮路，出了名的山高路险，气候也十分恶劣，一天要经过几个气候带。他经常露宿荒山岩洞、乱石丛林，经历了被野兽袭击、意外受伤乃至肚子被骡马踢破等艰难困苦。他常年奔波在漫漫邮路上，一年中有330天左右的时间在大山中度过，无法照顾多病的妻子和年幼的儿女，没有向组织提出过任何要求。

"为人民服务不算苦，再苦再累都幸福。"这是王顺友在山间投递信物，百般无聊时自编自唱的山歌。在经历了多年的寂寞和孤独后，他的心灵也随之越发强大起来。他经常这样告诉自己："我一定要对我的工作负责，一定要为等着信物的人民负责！"不仅如此，在完成投递工作之余，他还主动为农民群众传递他的所见所闻，包括如何致富奔小康，如

何让自己的粮食收获更多，如何挑选优良种子……当然，投递的路途是艰辛和寂寞的，与他相伴的只有他的马。山间孤独寂寞的身影，让我们不敢想象若是换成自己，抛开路途的艰辛险恶，我们能如他一样摆好心态，自娱自乐地过好这二十多年吗？想必，大多数的人们都做不到，但是王顺友可以。不仅如此，为了按时给农民群众带去生产生活用品和信物信件，王顺友甘愿绕路或加班加点完成投递任务，有时甚至自己还要倒贴钱。王顺友这种坚持不懈、顽强不息的精神，受到了群众的认同和称赞。如今的王顺友，早已成为当地人民绝口称赞的劳动模范。

在王顺友工作的这二十多年里，他总是尽职尽责按时完成投递任务，做到了没有丢失过一封邮件或者信物，他的投递准确率达到了百分之百。

贝多芬说："当我最孤独的时候，也是我最不孤独的时候。"孤独其实是一种心理感受，有的人即使长期孤灯独处，却很充实；有的人即使夜夜狂欢，心里面却仍有无边的寂寞。没有"自我"的人永远都是孤独的，即使一起狂欢的人再多，场面再热闹，也只能是暂时的麻痹。曲终人散后留下的空虚，比孤独本身更可怕。

孤独并不可怕，正因为有所等待，我们的精神世界才显充盈，我们才会更爱自己。梭罗曾说过："生活需要孤独的力量，我们需要集体的温暖，但我们又是独立的个体，每个人的人生都有不一样的精彩，同伴也许会给你帮助，但对彼此的妥协又阻碍了彼此梦想的触角。一个人上路，一个人去奔赴这场无关风月的旅途，获得心灵的自由。"其实，孤独也是一种福气，得闲时面对窗前明月，清茶一杯，好书一卷，听一曲清幽古乐，任情骛神游；或独自漫步山水林野间，托付心灵于自然，静静地体味着安逸、悠闲、宁静和轻松。

3.开心就笑，不开心了就过会儿再笑

莎士比亚的名著《奥赛罗》，讲述了一个关于愤怒的悲剧。

奥赛罗是一位战功卓越的将军，他有一个美丽善良的妻子苔丝狄蒙娜，夫妻恩爱。有个叫伊阿古的人嫉妒奥赛罗，假意成为奥赛罗的好朋友，却在找机会想要除掉奥赛罗。他挑拨奥赛罗和妻子的感情，诬陷苔丝狄蒙娜与人有染。奥赛罗在伪造的证据前怒不可遏，冲回家亲手掐死了深爱的妻子。

真相很快大白，奥赛罗抱住妻子的尸体悔恨不已，最后拔剑自刎。

千百年来，《奥赛罗》这部戏剧不断被搬上舞台，观众们憎恨包藏祸心的伊阿古，同情纯洁无辜的苔丝狄蒙娜，对奥赛罗的感情却很复杂。有人理解一个深爱妻子的男人在嫉

妒和愤怒之下铸成大错，杀死了心爱的妻子。有人责怪奥赛罗不能克制怒火，为什么要轻信谎言，而不是立刻调查一下事情真相——伊阿古说的只是容易拆穿的谎言。有人哀叹如果奥赛罗愿意听听苔丝狄蒙娜的解释，多一点理智，少一些愤恨，就能知道真相，迎接皆大欢喜的结局。最后所有人都感叹："冲动是魔鬼。"

面对怒气，不论这怒气来自他人还是来自自己，都要及时察觉，及时制止。发怒的时候，也要争取顾全大局，就像英国哲学家培根所说："无论你如何表示愤怒，都不要作出无法挽回的事。"

11年前，德维恩不小心在工作中把背部弄伤了，从那以后，公司便将他解雇了，失去了工作的的德维恩一直承受着疼痛的折磨。他是一个非常喜欢生气的人：因为受伤生气；因为伤口无法愈合而生气；因为公司的不公平而生气；因为家人与朋友时不时的忽视而生气，甚至他还会对上帝发脾气，他认为，自己之所以会这么早就遭遇这样的痛苦，完全是因为上帝对他不公平。

在大多时间里，德维恩都会将自己关在家中，他从来不听广播、不看电视，也不回朋友的电话，而且一直为自己的不幸遭遇郁郁寡欢。就这样，他将自己完全封闭了起来。只要一有人问起他从前生活相关的细节时，他便马上会变得非常生气，眼泪也会突然涌出来，脸立即变得扭曲，同时大声吼叫道："不知道，去他们的。"

07 离:心若没有栖息的地方,到哪里都是流浪

有一天,德维恩难得出门,正在街上走着的时候,他突然看到了一个从前与自己发生过矛盾的同事。结果,他双手抓着胸口、一下子摔倒在了地上。随后,被急救车送进了当地的医院。在那里,他对医生说,自己在看到了那个人之后,便立即火冒三丈,接着,胸口便剧烈疼痛,而医生告诉他,他不幸患了心脏病。

之后,愤怒的情绪便再也没有离开过德维恩,在41岁那年,他的心脏病第二次发作。在医院里,他的家人、权威专家与牧师围在他的身旁,向他发出了"最后通牒":他不能再这么愤怒了,不然愤怒很可能会带走他的生命,因为他的心脏再也无法承受这样的刺激了。此时,德维恩的脸上又再一次出现了早已习惯的表情,眼泪也跟着流了出来,他大声吼道:"不,我不愿意接受这一切。我宁愿死,也不能不生气。"

他的话语预告了他的死亡:三个星期后,当德维恩再一次地对着电话向别人大发脾气时,他的心脏病第三次也是最后一次发作了。当家人发现他的时候,他早已死去,手中还牢牢握着间接导致他死亡的电话筒。

愤怒是生物普遍存在的一种复杂本能,它以多种方式对私人与社会上的各种关系产生影响。有些人很容易愤怒,他们总是处于一触即发的状态下;有些人永远都是一副受气包的模样,实际上却是将愤怒压抑在了内心深处;有些人在这里受了委屈,却会转向别处发火……

有一天，拿破仑·希尔和办公大楼的管理员发生了一场误会。这场误会导致了他们两人互相憎恨，甚至演变成激烈的敌对状态。

这位管理员为了显示他对拿破仑·希尔的不悦，当他知道整栋大楼里只有拿破仑·希尔一个人在办公室中工作时，他马上把大楼的电灯全部关掉。在这种情况一连发生了几次后，终于，忍无可忍的拿破仑·希尔打算进行反击。

一个星期天，机会终于来了。那时，拿破仑·希尔正在办公室里准备一篇预备在第二天晚上发表的演讲稿，电灯忽然熄灭了。

他马上跳起来，奔向大楼地下室，他知道在哪儿能够找到这位管理员。当他到达那儿时，发现管理员正忙着把煤炭一铲一铲地送进锅炉内。同时一面吹着口哨，像是没有任何事情发生似的。

拿破仑·希尔马上对他破口大骂，长达5分钟。最后，拿破仑·希尔实在想不出什么骂人的词句了，只好放慢了速度。这时候，管理员站直身体，转过头来，脸上露出开朗的笑容，并用一种充满镇静的柔和声调说道："你今天晚上有点儿激动吧，不是吗？"

这句话就如一把锐利的短剑，一下刺进拿破仑·希尔的身体。

站在拿破仑·希尔面前的管理员既不会写也不会读，是一位地地道道的文盲，然而就是这个文盲却在这场战斗中打败了拿破仑·希尔。

—— · 07 离：心若没有栖息的地方，到哪里都是流浪 · ——

拿破仑·希尔明白，他不仅被打败了，更可怕的是，他是主动的，而且是不对的一方，这一切只会加大他的羞辱感。

后来拿破仑·希尔转过身子，以最快的速度回到办公室。他再也没有心思做其他事情了。当拿破仑·希尔把这件事反省了一遍之后，他马上看出了自己的不对。

在意识到自己的错误后，拿破仑·希尔知道要使内心平静下来，办法只有一个，那就是向管理员道歉。最后，他费了很长的时间才定下决心，到地下室去忍受必须忍受的羞辱。

拿破仑·希尔来到地下室后，把那位管理员叫到门边。

这时，管理员用平静、温和的声调问道："你这一次想要干什么？"

拿破仑·希尔告诉他："我是回来向你道歉的——倘若你愿意接受的话。"

管理员脸上又露出那种微笑，他说："凭着上帝的爱心，你不用向我道歉。除了这四堵墙壁，以及你和我之外，再没有其他人听见你刚才所说的话。我不会把它说出去的，我知道你也不会说出去的，所以，我们干脆就把此事忘了吧。"

这段话对拿破仑·希尔所造成的触动更甚于他第一次所说的话，因为他不但表示愿意原谅拿破仑·希尔，其实更愿意协助拿破仑·希尔隐瞒此事，不使它宣扬出去，以免对拿破仑·希尔造成伤害。

拿破仑·希尔向他走过去，抓住他的手使劲握了握。他明白，自己不仅是用手和他握手，更是用心和他握手。

在走回办公室途中，拿破仑·希尔感到心情非常愉快，因为他终于鼓起勇气，改正了自己的错误。

在这件事发生之后，拿破仑·希尔下定了决心，以后绝不再失去自制。因为倘若失去自制之后，别人能够毫不费力地将你打败。

在下定这个决心之后，拿破仑·希尔的身体马上发生了巨大的变化。后来这件事成为拿破仑·希尔一生中最关键的一个转折点。

学会控制自己的情绪，当苍蝇落在你的桌球上的时候，不要理它，专心致志地击你的球！当你的桌球飞速奔向既定目标的时候，那只苍蝇不用你赶自己就会飞走。相反，如果你跟自己的情绪斤斤计较，并不断地任由坏情绪控制自己的行动，那么，你的一时冲动可能会让你悔恨终生。

不要总是对自己说："我不高兴。"因为这样的话语只会进一步激发你的怒火。另外，你需要注意的是，你不能说粗话，一旦你开口辱骂了别人，或使用了更加粗鲁的行为，你便已经将对方列为敌人，无法从对方的角度思考。其实，相互体谅才是消除怒气的最好方法。

4.美丽来自欣赏,而毁灭来自妒忌

我国经典名著《三国演义》中,吴国大将周瑜的形象深入人心。周瑜年轻有为,有雄才大略。孙策临终对孙权说:"外事不决问周瑜,内事不决问张昭。"可见周瑜在吴国的份量。可在小说中,这位大将却因为嫉妒诸葛亮的才智,导致了最后的悲剧。

周瑜几次想谋害诸葛亮,却被诸葛亮用才智化解。每一次失败,都加深了周瑜对诸葛亮的嫉妒。诸葛亮通过借荆州、帮助刘备娶孙夫人、识破周瑜夺取荆州的计谋,"三气周瑜",导致周瑜旧伤发作而亡。这位本该成为吴国支柱的才俊死前长叹:"既生瑜,何生亮!"

"既生瑜,何生亮"是《三国演义》里最有名的一句台词。尽管正史中的周瑜与小说中的形象截然不同,既没有嫉妒诸葛亮,也没有说过这句话,但小说中的故事仍然可以给我们以启迪。假设周瑜不因盲目的嫉妒屡次针对诸葛亮,而是把目光放长远,把精力放在增强吴国国力,不但孙刘联盟可以维持较长时间的和平,齐心对抗曹操,他本人也不致旧伤发作身亡,英年早逝。一位有如此才华的大将因嫉妒之心蒙蔽而失去性命,临死前还在哀叹自己不能赢过对手,真让人无奈,也让人警醒。

喜欢嫉妒的人,总是容易心怀不满,动辄生气。但是,一个劲地生气有用吗？生气，既显示了自己的气量狭小，又起不到任何作用。因此，与其干坐着生气，倒不如好好争口气。

每个人都应该是自己人生的建造者。既然生活是自己创造的，心情是自己营造的，就用不着为那些不着边际的琐碎小事闹心。

如果你觉得别人比你好，比你出色，你就加把劲赶上去，力争上游。有意识地提高自己的思想认识水平，正是消除和化解嫉妒心理的直接对策。对于比你强大和能干的人，你不仅要有单纯的羡慕和崇拜，更应该持一种"我一定会比你强，我一定能超过你"的想法。有了积极正面的思考方式，才会带来奋发向上的实际行动。争取做到"后来者居上"，你才能活出生命的色彩。

英国大哲学家培根说："嫉妒这恶魔总是在暗地里悄悄地毁掉人间的好东西。"《圣经》则把嫉妒视为一种"凶眼"，意思是，嫉妒能把凶险和灾难投射到它的眼光所到之处。所以，要想做快乐幸福的人，一定要戒除嫉妒。嫉妒是一种极为消极的负面情绪，是一种需要断舍离的负面能量。只有勇敢地向嫉妒断舍离，才能保持内心的平和，从而获得与他人相处的最佳心态，获得安宁和幸福。如果你继续任由嫉妒滋长，它将会成长为具有攻击性的负面心理情绪。

詹姆斯是公司里最帅的男士，也是公司业绩最高的人，他总是受到同事和老板的欢迎，而他也沉醉于这种状态中。不久，公司来了位新同事吉姆，吉姆似乎拥有了所有男士想拥有的一切,他有迷人的外表、令人信服的个性、多金、贤妻以及可爱的孩子。

起初,詹姆斯并未对吉姆有特别的感觉,只是觉得有些羡慕而已,但随着吉姆成为了公司业绩最高的人之后,同事和老板的眼光都从他身上转移到了吉姆身上,公司的同事们谈论的话题都是吉姆,老板每次开会都点名表扬吉姆。

逐渐地,詹姆斯对吉姆的羡慕变成了嫉妒。他嫉妒吉姆获得了公司所有人的关注。虽然詹姆斯不停地否认他的感受,否认自己嫉妒吉姆,但不可否认的是,自从他的情绪发生转变之后,与妻子之间的摩擦更多了,呵斥孩子也更频繁了,已经严重影响到了他的生活。而在工作中,詹姆斯也一改往日的温和作风,待人处事都变得冷冰冰。同事们每次见到詹姆斯,也不再像往日一样和他嬉笑打闹,而是变得越来越沉默。

詹姆斯变得越来越孤单。直到一次会议,当吉姆在会上向同事们解释为什么要对销售的产品重新定位的时候,詹姆斯赤裸裸地对吉姆进行了语言攻击。同事们对于詹姆斯的所作所为很不理解,几乎都站到了吉姆这一边,斥责詹姆斯。詹姆斯与同事们的关系瞬间降到了冰点,直到这时,詹姆斯才真正地意识到自己需要做点什么来消除嫉妒心了。

詹姆斯全力找出引起嫉妒的原因。他腾出一些时间安静下来,感知自己的感觉并标注出来。然后他问了自己一些问题,如"最糟糕的部分是什么?"和"这个感觉让我想起了什么?"詹姆斯反思着自己近期的所作所为,意识到了自己的嫉妒心对人际关系造成了如此严重的影响。詹姆斯郑重地对吉姆道了歉，向他坦诚了自己的过失。

吉姆原谅了詹姆斯，并且与詹姆斯成为了好友，詹姆斯在吉姆这种保持平常心态度的影响下，逐渐变得开朗了起来，与同事们之间的关系也逐渐缓和。

嫉妒心往往会蒙蔽人的心智，让人做出失去理智的事情，嫉妒心也会严重影响我们和同事之间的人际关系。在职场中，我们需要与嫉妒心断舍离，不论嫉妒心是以何种方式出现，你都需要重视它，坚决地与它断舍离。只有勇敢地与嫉妒断舍离，让平和宽容的内心引领我们和谐地与他人相处，我们才能收获美好的人际关系。

哲人说："嫉妒就是拿别人的优点来折磨自己。"现实生活中，看似比我们优越的人比比皆是，我们可能会嫉妒他人的美貌、他人的成绩、他人的幸福家庭……因为自己没能拥有，或者拥有的东西不能使自己满意，只好去嫉妒别人。

嫉妒根植在人们的内心世界，有人愿意将这种感情转化为羡慕或敬佩，有人则任由它发展为敌视与不平。人一旦被嫉妒蒙蔽双眼，就会忽视现实，一味沉浸在攀比的情绪中。与其嫉妒别人的拥有，不如先在自己身上找一找原因。嫉妒是对他人优越性的敌意，那么他人为什么会比自己优越？自己究竟差在什么地方？只要掌握好嫉妒的限度，嫉妒也可以成为一个成功的契机。当你面对一个优秀的人，不可遏制地心生嫉妒，不妨把这种嫉妒之情化为前进的动力，以那个人为目标，催促自己前进。要相信他人能做到的事，你也一定能做到。

5.心里装下多少怨,脸上就长多少斑

一位高僧住在山间的佛堂,附近村庄的信徒们每天都会来烧香。每一天,信徒们都在佛前诉说自己的不幸,请求佛祖普度众生。这些人烧完香,就会拉住高僧不停倾诉自己的烦恼,日复一日。高僧无奈地说:"你们觉得自己很不幸,那么谁是幸福的人?"

"任何人都比我幸福。"信徒们异口同声地说。

"好吧,那么从现在开始,你们每个人拿一张纸条,写下自己的不幸,然后交到我手里。"

信徒们认真写下自己的烦恼和不幸交给高僧。高僧把纸条的顺序打乱,对信徒们说:"现在你们一人抽取一张,看一看上面的内容,然后告诉我,你们愿不愿意拿自己的烦恼,交换别人的烦恼?"

信徒们每人抽了一张纸条,打开之后大叫:"我们还是要自己的烦恼更好!"这时他们发现,原来每个人都有许许多多的烦恼,而自己的烦恼,其实并不是那么严重。

山间佛堂,高僧向那些渴望幸福的信徒们传达了这样一个事实:不要羡慕那些看上去幸福的事情,你并不是"别人"。每个人只能承担自己的辛苦,享受自己的幸福,要记得和别人的烦恼比起来,你遇到的事情也许微不足道。这样

一想，痛苦就变得微小，烦恼烟消云散。

芸芸众生，谁也摆脱不了烦恼，即使努力克服了当下的烦恼，却发现新的麻烦接踵而来，让人不得安宁，甚至没有喘气的机会。当人们被烦恼压迫，抱怨也就成了生活中不可缺少的一部分。没有人能够万事如意，总有事情让我们扫兴，让我们沮丧，让我们难过，让我们愤愤不平……在这些情绪的驱使下，人们的心灵不再平静，需要痛快地诉说，于是抱怨开始了。

一天，露易丝在街上见到了许多年前的一位友人贝蒂。她被吓了一跳，因为她完全认不出眼前的女子竟是多年前那位娉婷可人的大美女。女友却很平静地说："你是不是觉得我变老了好多啊。"这让露易丝感到很诧异，她觉得贝蒂不只人老了，心也变老了。

贝蒂继续说："很不幸，我的婚姻出现了裂痕，最近我总是陷入其中无法自拔，虽然我和他并没有吵架，但是我怎么都感觉他对我越来越冷漠了，我自己也越老越狰狞、刻薄。我想让他时时刻刻在我身边，我不想让他看别的女人一眼。我讨厌这样的婚姻，都是这样的婚姻使我面露憔悴，无心于事。我自己都讨厌这样的自己。"

露易丝笑着说："亲爱的，千万别这样想，你应该找回从前那个乐观开朗的自己。不要抱怨他，不要抱怨婚姻。也许他的确有错，但是你的抱怨只会令他想要逃离。你不妨先放下心中的抱怨，换一个角度，站在他的立场上想想，看看是不是自己也犯下了什么令他伤心的错误，好吗？"

就这样，虽然贝蒂不愿相信自己也有错，但是还是按照露易丝的话尝试了一番。

没过几天，露易丝勾接到了贝蒂的电话："亲爱的，谢谢你，我们和好了。原来只是一点小误会，但是因为我的抱怨反而让彼此都难以敞开心扉。我现在终于想明白了，女人实在不该抱怨。"

抱怨不但对我们的幸福无益，还会降低幸福的指数。每抱怨一分，幸福就远离一分。与其抱怨，不如让自己拥有一颗能感受身边幸福的心。

周丽丽看着对面儿子杂乱无章的书桌，火冒三丈。丈夫却在客厅里看电视，视而不见。她心里觉得委屈，白天上班忙碌，晚上回家还要洗衣、做饭、收拾屋子。她像往常一样，走出来指着丈夫的脑袋抱怨："怎么现在你变得这么懒散？连吃饭你都懒得拿筷子！你的眼睛掉到电视里去了？屋子里乱得没处下脚，你看不见吗？"

丈夫不理她，依然我行我素。其实，这样的抱怨从几年前就开始了。儿子如今上小学了，他们两个都要上班，周丽丽下班早，这些事情自然也就归她了。

"现在的好男人都到哪里去了，怎么让我碰见你这样的，衣服已经堆三天了，你不管不问，饭后从来不洗碗，儿子的家庭作业我还要辅导，你就只会在家里看电视。你就真的没有一点时间吗?"周丽丽越想越来气,索性拿了个杯子往丈夫身上砸去。

"好了,你可以不做啊,谁强迫你做这些事情?少干点活,大家就不能活吗?"丈夫忍无可忍,回了几句嘴。周丽丽听了更生气了,变本加厉地指责丈夫,后来甚至动手打骂,然后是摔东西。那样子,简直就像个泼妇。

周丽丽觉得委屈,自己任劳任怨做了那么多事情,难道抱怨两句还有错吗?她收拾东西回到母亲家里,眼泪淌了一地。母亲看见既心疼又无奈,对周丽丽说起自己年轻的时候,也和她一样见不得"不公平"的事情,也曾抱怨在婚姻中受了委屈。后来,因为丽丽的父亲被调到外省工作一年,她才觉得,家里如此空旷。那些日子,再脏再乱再苦,也得自己一个人承受,抱怨也无济于事。可就是那一年,母亲想通了:能有个人相伴相守,每天说说话,就是一种幸福,至于洗衣做饭,那都是小事,又算得了什么呢?

周丽丽平复好心情后回到家里,看到家门口等待的丈夫和他怀里熟睡的儿子,忽然觉得令人生厌的日子其实也是一种幸福。只是,自己被抱怨迷惑了,从未用心去体味过。

周丽丽的经历不但可以让她自己反省,也向所有人提出了疑问:在生活中,有多少事值得抱怨?又有多少烦恼是我们自找的?是不是我们对他人的意见,对事情的偏激,仅仅是遮在眼前的一块小污垢,只要注意到它,擦掉它,就会发现事情和自己想象的完全不一样?

世间本无事，庸人自扰之，与其因为抱怨被人认作是一个庸人，不如放平心态，做个宽容大度、笑对人生的人。

6.任何不快乐的时光都是浪费

　　散文大师张中行先生曾在《快乐》一文中说："快不快乐，完全是由自己的想法决定的。"人生有太多不确定因素，任何人都有可能会被突如其来的变化扰乱心情。与其随波逐流，不如有意识地调整自己的心情。许多时候，不是周围的事物打扰了你的快乐，而是你在纷乱的事物中，丢失了一份快乐的心。

　　包希尔·戴尔是一位眼睛几乎瞎了的不幸女人，但是她的生活却并不是像我们所想象的那样糟糕。因为她始终坚信，不论是谁，只要她来到了这个世界上，就是合理的。用她的话说，她相信有所谓的命运，但是她更相信快乐。因为她自己就是一个在厨房的洗碗槽里也能寻求到快乐的人。

　　包希尔·戴尔的眼睛处在几近失明状态很长时间了。她在自己所写的名为《我要看》的一本书中这样写道："我只有一只眼睛，而且还被严重的外伤给遮住，仅仅在眼睛的左方留有一个小孔，所以每当我要看书的时候，我必须把书拿起来靠在脸上,并且用力扭转我的眼珠从左方的洞孔向外看。"但是,她拒绝别人的同情,也不希望别人认为她与一般人有什么不一样。

当她还是一个小孩子的时候,她想要和其他的小孩子一起玩踢石子的游戏,但是她的眼睛却看不到地上所画的标记,因此无法加入他们。于是,她就等到其他的小孩子都回家去了之后,趴在他们玩耍的场地上,沿着地上所画的标记,用她的眼睛贴着它们看,并且,把场地上所有相关的事物都默记在心里,之后不久,她就变成踢石子游戏的高手了。她一般都是在家里读书的,首先,她先将书本拿去放大影印之后,再用手将它们拿到眼睛前面,并且几乎是贴到她的眼睛的距离,以至于她的睫毛都碰到了书本。就是在这种情况下,她还获得了两个学位,一个是明尼苏达大学的美术学士,另一个是哥伦比亚大学的美术硕士。

到了1943年,那时她已52岁了,也就在那个时候发生了奇迹。她在一家诊所动了一次眼部手术,使她的眼睛能够看到比原先远40倍的距离。尤其是当她在厨房做事的时候,她发现到即使在洗碗槽内清洗碗碟,也会有令人心情激荡的情景出现。于是,她在书中继续写道:"当我在洗碗的时候,我一面洗一面玩弄着白色绒毛似的肥皂水,我用手在里面搅动,然后用手捧起了一堆细小的肥皂泡泡,把它们拿得高高地对着光看,在那些小小的泡泡里面,我看到了鲜艳夺目好似彩虹般的光彩。"

当从洗碗槽上方的窗户向外看的时候,她还看到了一群

07 离:心若没有栖息的地方,到哪里都是流浪

灰黑色的麻雀,正在下着大雪的空中飞翔。她发现自己在观赏肥皂泡泡与麻雀时的心情,是那么的愉快与忘我。因此,她在书的结语中写道:"我轻声地对自己说,亲爱的上帝,我们的天父,感谢你,非常非常地感谢你!"让我们来感谢上帝的恩赐,因为它使你能够洗碗碟,因而使你得以看到泡泡中的小彩虹,以及在风雪中飞翔的麻雀。

快乐的人也许不是最出色的,也不一定比其他人拥有更多的幸福,但他却是掌握人生真谛的人。

一位郁郁不得志的诗人,在家门口的河边散步。望着平静的河水,他的心稍稍才好过一些。

夜幕降临后,河边的路灯亮起,朦胧中有一种别样的安宁。忽然,一阵悠扬的萨克斯声响起,是那首经典的《回家》。这旋律实在太美妙了,让人顿时静了下来,心里感到一阵愉悦。

诗人刚要驻足聆听,声音却戛然而止。

陌生的男子带着微笑走到了诗人面前,手里拿着一把萨克斯。夜色朦胧,可那抹灿烂的笑容,还是点亮了诗人眼前的世界。

诗人友好地打招呼:"您好,能与您相逢,是我的荣幸。"

陌生男子问道:"你我萍水相逢,何出此言?"

诗人说道:"我在你的音乐里,找到了我向往的人生;你的笑容也告诉我,你一定生活得很快乐,没有风霜的侵袭,

没有忧愁的牵绊……"

"哈哈……你是作家吗?"诗人说话的方式,让陌生的男子感到有些不习惯。笑过之后,男子说道:"你错了,老兄!今天上午我才和妻子离了婚,就在刚刚,我又丢了钱包,里面有证件和钱,连公交卡也在其中。我正想着要怎么回家呢!"

诗人简直难以置信,瞪着眼睛问:"那,你还有心情吹萨克斯?"

陌生男子摇摇头,说:"为什么不能吹呢?为什么不享受这点快乐呢?我已经失去了那么多,若再愁眉苦脸,岂不是一无所有了吗?"

说罢,男子潇洒地离去,剩下诗人独自在河边沉思。

其实,快乐就像是一颗种子,你允许它在心里生根发芽,它就会变成蒲公英,洒满你的整座心房;快乐又像是天上的风筝,线在你手中,拉一拉它就会回来。只要学会去感受、去享受生活中每一处细微的美好,就可以活得轻松、洒脱。

7.心就一颗,抵不住一次次的折磨

每个人都曾有过烦恼或正在经历烦恼,事实上,这些烦恼都是我们自找的。一个浮躁的人往往乐于自寻烦恼。你可

07 离：心若没有栖息的地方，到哪里都是流浪

以寻找甜蜜的爱情，你可以寻找美好的生活，但你绝不可以自寻烦恼。

每个人都有七情六欲和喜怒哀乐，烦恼也是人之常情，是人人避免不了的。对待烦恼的不同态度，就使人区分为乐天派与多愁善感型。乐天派的人一般很少自找烦恼，而且善于淡化烦恼，所以活的轻松，活的潇洒；而多愁善感的人喜欢自找烦恼，一旦有了烦恼，忧愁万千，牵肠挂肚，离不开，扔不掉。

其实，人生的大多数烦恼都是自找的。

小镇上一家酒吧里，灯火通明，喧声四起。一群衣着光鲜的绅士正围坐在吧台边上，一边喝着威士忌，一边谈论着生意上的事情。

"够了，够了，这样的日子简直像受刑，我受够了！"一个以制作各式各样成衣为生的商人抱怨道。不景气的经济、日渐低迷的生意，令他终日愁眉不展、郁郁寡欢，他的双眼布满血丝，经常失眠。

"怎么了，朋友？"众人问。

"真叫人痛苦不堪……"成衣商说道。

一位朋友看在眼里，不忍他这样被烦恼折磨，就安慰他："别急，你的问题没有什么大不了的，我给你想一个好办法，如果以后你还睡不着，不如静下心来，数一数绵羊，这样等你数累了，自然就可以休息了。"

"嗯，是个不错的办法，朋友，亏你想得出来，我回去

就试一试。"成衣商道谢而去。

"老兄,你的办法一点也不灵验啊,你看看我现在,精神更加不好了,病情也似乎更加严重了!"三天后,成衣商再次在酒吧里遇到给自己提出建议的朋友。

"不会吧!"朋友看着他更加红肿的双眼,十分疑惑,问道:"你是按照我的话去做的吗?"

"那还用问吗?老兄,我肯定是按照你说的话去做的呀。不仅如此,我还数到一万多头呢!"

"我的上帝,老兄,你没跟我开玩笑吧!居然数了那么多。你不可能也不应该一点睡意都没有啊!"朋友吃惊地问。

"是的,刚开始的时候,我是有些困意了,可是我一想到一万多头绵羊那将会有多少羊毛啊,如果不剪,那岂不可惜了?"

"那剪完不就可以睡了?"

"你哪里知道,这一万头羊的羊毛所制成的毛衣,要去哪儿找买主啊,一想到销路,我就更睡不着了。"

要知道很多事情都是无解的,因此不能把自己的思维逼进一个死角。如果明知道是个死角,可还是一鼓作气、不依不饶地要往里面撞,就像一只扑火的可怜飞蛾,那只有死路一条。因这个念头而把自己纠缠在里面只是自我折磨,不发疯才怪。

上天赋予人类一定份量的欢喜与哀愁,倘若你不懂得用好心情来平衡坏情绪,用新快乐来抚平旧伤痛,那么,就大大辜负了人类左右情绪的天赋。

生活在这个纷繁复杂的世界里,有时也需要及时开导自己,消除不必要的烦恼,让自己在绝望中看到希望,在黑暗中看到曙光。

请记住一句话:烦恼就像天空上的一片乌云,如果你的心中是一片晴空,那么烦恼不会对你有丝毫影响。

8.没有人会一直幸运,正如没有人会一直倒霉

一只快要饿死的老鼠,经过长途跋涉,终于找到了一个粮仓。它想捡点豆子吃,没想到一只猫从天而降。老鼠好不容易逃走,算是捡回一条命,它哭泣着对神祈祷:"当老鼠是一件多么可怜的事,我已经饿了整整三天,好不容易找点豆子吃,还被猫阻拦。当猫多好,不但可以抓老鼠,还有主人喂鱼,请把我变成一只猫吧。"

神怜悯老鼠,真的把它变成一只猫。可老鼠发现,猫也有猫的难处,它整天被街上的流浪狗欺负,于是它又要求变成一只狗。可是狗总是被村子外的狼恐吓。最后老鼠说:"把我变成最强大的大象,这样我就再也不会被欺负了!"

神答应了它的要求,老鼠以为从此就能过上无忧无虑的日子,可它却发现大象身体笨重,行动迟缓,整天吃不饱,

还要拖着巨大的身子到处找食物。这一天，它鼻子里说不出来的难受，打了半天的喷嚏，才从鼻子里钻出来一只小老鼠。

"原来，一只大象竟然会被小老鼠弄得寝食不安！"老鼠感叹，它要求神把自己变成老鼠，从此不再抱怨了。

小老鼠认为生活辛苦，想变成其他动物，变了一圈后终于懂得原来所有动物都有倒霉的时候，还不如各从其类，当好一只小老鼠，每天偷偷食物，钻钻墙壁，倒也逍遥快活。由此可见，任何事物有优点就会有缺陷，没有人能一直幸运，当然，也没有人会一直倒霉。

詹姆斯是个经常走霉运的人，可他生性乐观，对任何事情抱以正面的看法，每天过得都挺开心。当有人问他最近生活得如何时，他总会说："我快乐无比。"

对此，有朋友问他："谁都会有悲伤的时候，也不可能总是能看到事物的正面，你是怎么做到的呢？"

詹姆斯说："每天早晨，我一睁眼就会告诉自己，快乐不快乐都是一天，我今天一定要快乐！这就好比发生不好的事情时，你可以选择当一个悲哀的受伤者，也可以选择做一个从不幸当中学到些东西的乐观人。人生就是选择，当你选择了以最好的方式来生活，你就能快乐。"

一天早上，詹姆斯出事了。他看到三个持枪的强盗从邻居家里慌慌张张地跑出来，而后强盗们发现了他，其中一个人对詹姆斯开了一枪。经过18小时的抢救，以及亲人精心的

07 离：心若没有栖息的地方，到哪里都是流浪

照料，詹姆斯总算是活了下来，可是仍有小部分子弹片留在了他的体内。

朋友们问他感觉怎么样，他说："我感到快乐无比。"

朋友看了看他的伤疤，然后问他中枪时在想什么。詹姆斯答道："当时我躺在地上，我知道自己面临着两个选择：一个是死，一个是活。我理所当然地选择了活。"

朋友问："你当时不害怕吗？"

"医护人员太好了，他们不断地告诉我，我会好起来的。但在他们把我推进急诊室后，我看到他们流露出了'他是个死人'的眼神。我知道，我需要采取一些行动了。"

"那你采取了什么行动呢？"

"有个美丽的女护士问我对什么东西过敏时，我马上回答说'有！'这时，所有的医生和护士都停下来，等我继续说下去。我深深地吸了一口气，然后大声对他们说：'子弹！'在医护人员的一片大笑声中，我又接着说道：'我现在活下来，不要把我当成死人来医。'"

詹姆斯就这样活了下来。当詹姆斯身负重伤时，医生们已经放弃他。而他最后能幸运地活下来，与其说是医生们的医术高明，还不如说是詹姆斯积极求生的态度感染了医护人员。

有时候，烦恼和痛苦只在我们心中，只在我们一念之间。面对事情，特别是面对烦恼，每个人应该学着积极一点。抱怨"我怎么这么倒霉"，和说着"还好我不是最倒霉的"，是截然不同的两类人。前者容易把困难想复杂，给自

己增加无谓的心理压力，导致自己的应变能力降低，成为一个真正的倒霉蛋；后者则能够看轻痛苦，以最轻松的心情面对生活，保持乐观的态度战胜困难。很明显，后一类的人更容易得到快乐和满足。

开车的人大多有过一路红灯的经验，当大城市的交通出奇拥堵，你又在赶时间，偏偏前面路口一盏红灯，再前面的路口又是一盏红灯。人生道路上，烦恼就像一盏盏红灯，预示此路要等等才能通过，对比起遇到绿灯的高兴，红灯的确让人心烦，一连串的红灯更是让人觉得倒霉透顶。不过交通就是如此，有绿灯就会有红灯。人生也是一样，有幸运就会有不幸。倒霉的时候，不妨积极一点，告诉自己运气守恒，没有人会一直倒霉。

总是提醒自己倒霉的人，看到什么事都想着坏的一面，认为霉运会一直跟着自己，从此更看不到快乐的事，心态上的悲观导致了自己常常倒霉，一直没有好运气。而那些积极向上的人，总能够发现事物光明的一面，即使遭遇不幸，他们也能用"幸好只是如此，没有更糟"来安慰自己，使自己成为一个幸运者。他们始终相信，一路红灯之后，一定能畅通无阻。

08 清

时光扑面而来，我们终将释怀

> 昨日是死的，明天却是初生的，是陪伴一具死尸，还是培育一个有灵魂的婴儿，这并不是一道艰难的选择题。

● ● ● ● ● ●

1.错就错了，别让内疚堵塞灵魂

与爱相比，所有的错误，所有的误会，所有的纠结，又算什么。谁的人生不是沟沟坎坎，谁的人生是一帆风顺，给自己一个理由，原谅对方的同时，也别忘了原谅自己。生活还在继续，错误后，难过后，要懂得适时原谅自己，才有勇气去闯荡明天，用心拥抱世界，用长茧的双手摘下星辰。

美国作家阿尔伯特·哈伯德在《你不必完美》的文章中，

讲述过这样一件事：

因为在孩子面前犯了一个错误，他心里非常内疚。他害怕自己在孩子心目中的美好形象被摧毁，害怕孩子们不再爱戴他、尊重他，因此一直不愿意主动认错。

心灵的煎熬，一天又一天地折磨着他。终于有一天，他忍不住了，主动找孩子们承认了错误。结果，他惊喜地发现，孩子们并没有因此而嫌弃他，反倒比以前更爱他了。他由此发出感叹：人类所能犯的最大的错误，就是害怕犯错误。人犯错是在所难免的，那个经常会有些过失的人往往是可爱的，没有人期待你是圣人。

生活中，纠结的何止哈伯德一人呢？

多少人都曾有过类似的感受：做一件事时，但凡出了一点很小的错误，哪怕是不如别人做得好，都会夸张地认为自己把整件事情都搞砸了，且不愿面对自己已经犯下的错误，害怕这个错误会毁坏自己的好形象。更有甚者，做事之前总是犹豫不决，拖延怠倦，前怕狼后怕虎，好不容易做完了，又生怕有什么疏漏和错误。他们希望事事都能够顺遂，没有任何意外。事实上我们都知道，计划赶不上变化。

其实，错了就错了，是人就会犯错误，知错能改，善莫大焉，有什么大不了的呢？就像哈伯德讲述的自己的那段经历一样，承认错误没有人会嘲笑你，反而会觉得你诚实、诚恳，更何况每个人都会犯错。相反，你越是想逃避，越是不

08 清：时光扑面而来，我们终将释怀

敢去面对，越是怕损害自己的完美形象，往往才让人觉得你不可理喻、不明事理。

当然，若还有机会能弥补过错，还算幸运。最折磨人的，莫过于那些已经酿成却没有机会再弥补的错误。这就像一个疙瘩，系在心里一辈子也难解开，或者根本就不想去解，自己煎熬，周围的人也跟着难受。

杨刚是某工地的一名技术能手。刚到项目部的时候，他也有自己的人生理想，也曾抱怨过工作。然而，最终他却改变了自己的态度。两年来，他在施工一线兢兢业业、无怨无悔地付出。虽然，公司升迁的调令已下发了好几次，但都被他婉言谢绝了。

两年前，杨刚刚分到项目部时，可是一个机灵鬼，由当时的技术能手和师傅带领着。和师傅性格、脾气、业务技术，在分公司都是有口皆碑的。慢慢地，杨刚发现：师傅这个人哪都好，可是就是过于淡泊名利，就凭他的技术和能力，到哪工作，都能成为顶梁柱，可是他却非要呆在工作环境艰苦、与家人聚少离多的分公司。

半年过去，看着昔日一同进来的同事都已得到重用，杨刚却仍然在原地踏步，心里不免有些失落。虽然，师傅一再劝解，可是他却无法说服自己。一天，喝完酒后，冲动之下，杨刚冲进大雨当中，向路边跑去。就在此时，一辆满载沙石的拉土车从雨雾中飞驰而来，因雨大，视线不好，眼看就要撞上杨刚了，尾随而来的师傅从后面使劲将杨刚推了一

209

把，自己却来不及闪躲，被拉土车撞上，倒在血泊之中，看到眼前这一幕，杨刚惊呆了。

医生下了病危通知书，杨刚再也控制不住自己的感情，抱头痛哭起来。这时，分公司的总经理默默地走到窗前，拿出手机颤抖地拨了一个号码："喂，和总，小和，小和他出事了，请您马上到医院来一趟。"直到此时，杨刚才知道：师傅是董事长的独生子，两年前进入分公司，从最底层做起。"我都做了些什么？"杨刚自责地敲打自己的脑袋。

三天后，杨刚送走了师傅，然而，他却无法回到原来的状态。他认为是自己的冲动，结束了师傅的性命，他该拿什么去偿还这一切？杨刚活在自责当中，每天除了拼命工作，他都会把自己关在屋里。一遍遍地回忆出事前的情景，如果无法睡觉，就起来一个人喝闷酒，一个原本精神抖擞的年轻人，渐渐变得憔悴。一次，因为走神，他差点在工地上出事。

得知这一切后，董事长亲自找到他，给他做思想工作。在大家的帮助下，杨刚找到了人生目标，那就是沿着师傅的脚印走下去，完成师傅的遗愿，成为分公司不可缺少的技术能手。

一场不可逆转的悲剧已经降临，痛苦、挣扎又有什么意义呢？自责和内疚换不回一个失去的人，只能让郁闷成灾，惹更多无辜的人劳心牵挂。说到底，这究竟是在惩罚自己，还是在伤害别人？

谁都不是圣贤之躯，犯错在所难免，任何成长都会伴随着犯错误。很多事情过去就过去了，错了就错了，心里认识到了就已是一种收获，实在不必终日带着内疚生活。

　　退一步说，就算没有那个错误的存在，你也难以保证一个人、一件事，以及整个人生都会完美无缺。在生命的这条长河里，不会总是风平浪静，谁也无法预知何时会激起浪花，避开了一处暗礁，还可能会遇到更大的阻拦，我们唯一能做的，就是向前看，而非频频回顾。

　　允许自己犯点错吧！犯了错，自嘲地对自己笑笑，潇洒地走出烦恼的世界。犯了错，别用近乎自虐的方式惩罚自己，为自己找个理由或借口，或许心里会好受一些。这不是逃避，而是让心能够容纳人生的瑕疵，将经历过的失败、犯过的错误，变成弥足珍贵的经历和经验。

　　错了就错了，别为难自己。有时，人生只需要拐个弯，就会海阔天空。

2.痛了就会结疤，没有必要再撒把盐

　　有些人喜欢夸大自己的伤口，也许他们希望别人体贴自己，也许他们想要宣泄压力，他们把自己的伤痛加倍，告诉别人也告诉自己，仿佛那些伤口再也没有办法愈合。事实

上，影响愈合的正是这种留恋伤口的行为，他们忘不了伤口，也不愿意忽略，宁可把疼痛当做生活的重心，也不寻找方法做一次"伤痛转移"。其实，伤口留下的不过是一道疤，看似严重，早已不碍事，只有对它们念念不忘的人才会一次又一次受到伤害。

1967年夏天，美国跳水运动员乔妮·埃里克森在一次跳水事故中身负重伤，全身瘫痪。

那时，乔妮哭了，绝望了，她不能接受这个残酷的现实。出院后，她叫家人把她推到跳水池旁。她注视着那蓝盈盈的水波，仰望那高高的跳台，忍不住偷偷地哭了起来。她知道她再也不能站立在那洁白的跳板上了，再也无法融入到那蓝盈盈的水波中了。

从此她被迫结束了自己的跳水生涯，那条通向跳水冠军领奖台的路上再也看不见她的踪影。

她一度绝望过，但她的心中还有信念。她拒绝了死神的召唤，开始冷静地思索人生的价值和生命的意义。

她借阅了许多关于励志以及前人如何成功的书籍。她虽然双目健全，但读书却十分艰难。只能用嘴衔根小竹片去翻书。但每一本书她都认认真真地用心去读，去感悟。有时病痛和疲惫常常迫使她停下来，休息片刻后，她还会坚持读下去。

慢慢地，她释然了：我的身体是残疾了，但是我的心没有残疾，我还有信念！许多人残疾以后，却在另外一条道路上获得了成功。他们有的创造了盲文，有的成了作家，有的创造出美妙的乐曲,我为什么不能?于是,她开始重新审视自己。

她想起来她除了喜欢跳水之外,对画画也很感兴趣。为什么不能在画画方面有所成就呢?想到这,这位纤弱的姑娘变得更加自信,更加坚强。她捡起了中学时代曾经用过的画笔,用嘴衔着,练习开了。这是一个多么艰辛和痛苦的过程啊。

用嘴画画,这是一个多么"幼稚"的想法。家里人连听也未曾听说过。她们怕她不成功会更伤心,纷纷劝阻她:"乔妮,别那么折磨自己了,用嘴画画怎么可能,我们会养活你的。"可是,他们的话不但没有打消乔妮的热情,反而激起了她学画的决心:"我怎么能让家人养活我一辈子呢?"她更加刻苦了,常常累得头晕目眩,汗水把双眼弄得又辣又痛,甚至有时委屈的泪水把画纸也浸湿了。为了积累素材,她还常常乘车外出,拜访艺术大师。好多年过去了,她的辛勤付出终于有了回报。她的一幅风景油画在一次画展上展出后美术界好评如潮。

1976年,她的自传《乔妮》一经问世便轰动了文坛。她收到了数以万计的热情洋溢的读者来信。两年之后,她的《再前进一步》一书又出版了。该书用她的亲身经历向身患残疾的朋友讲述了应该怎样战胜病痛,如何立志成才。后来,这本书被搬上了银幕,影片的主角由乔妮自己饰演,她成了千千万万个青年尊崇的偶像和学习的榜样。

在人的一生中，比死亡、衰老、疾病更惨重的打击就是失去理想。理想是人们的人生意义所在。为了理想，人们甘愿忍受一切痛苦，如果失去了实现理想的机会，那么一切苦难都变得难以忍受。伟大的音乐家贝多芬患上了耳病，严重的时候甚至听不到任何声音，一个创造美丽声音的人却听不到声音，这是最大的打击。贝多芬消沉过，绝望过，甚至写下了遗嘱。最后他还是决定原地站起来，靠着坚强的毅力继续他的创作。

失去并不等于一无所有，人不应该只有一个理想，当原来的那个无法实现，就要寻找下一个，这才是生命的意义所在。昨日的理想不能挽回，明日的理想还未建立，我们需要做的是留心观察，仔细寻找，总会有事情唤起你曾经的激情，让你重新奋发。

3.浅笑安然，让一切伤害了无痕

你念念不忘那些已经存在的伤害，想用报复去刺痛伤害你的人，无疑也是在给自己的伤口撒盐。而若你选择了忘记，选择了不在乎，将那些伤害过你的人视若空气，他们原以为会看到你怨毒的眼神和无力的挣扎，会用最不屑的言语来讽刺你，却不料你已经不记得他们，那对他们而言，将是怎样的一种失望和不甘?

人生就是一次长途跋涉,不停地走,不断地看到新的风景,其间也会遇到坎坷。如果把走过的路、看过的风景都牢记于心,只会徒增负担。阅历越丰富,压力就越大,倒不如一路走来一路忘记,永远轻装上阵。

谭恩美是美籍华裔女作家,她的作品生动感人,温婉的语言每每触及读者的灵魂。可是,没有人相信,在谭恩美16岁的时候,她曾用充满仇恨的话语喊道:"我恨你!我恨不得自己死掉……"而站在她面前的是母亲。

在谭恩美的记忆中,少年时与母亲的争吵似乎一直在持续着,每次争吵之后,母亲都会露出一个近乎疯狂的扭曲微笑,然后在喘息中大声嚷道:"好啊!我也许是该死掉,这样我就不用当你妈妈了!"然后在接下来的日子里,以冷战相对,冷战结束后,依然是争吵。

最让少年谭恩美受不了的,是母亲经常在别人面前批评、羞辱她,禁止她做某些事情,哪怕谭恩美有充足的理由。母亲不要理由,只会批评,这让谭恩美暗自发誓:永远不忘记这些委屈!要让自己的心硬起来,像母亲那样!

30年后,谭恩美意外地接到了母亲的一通电话,这让她惊讶万分,因为母亲患上老年痴呆症已经3年多了,她忘记了许多人、许多事,甚至无法讲出连贯的话语。

但话筒那边确实是母亲焦急的声音:"恩美!我的脑子出问题了!"恩美屏住了呼吸。

"我觉得很多事我都记不得了,昨天我做了什么?对你做了什么?我不记得很久以前到底发生过什么事……"母亲说话的时候好像一个溺水的人。

"你不要担心!"恩美终于能说出话了。

"不!我知道我做过一些伤害你的事情!"母亲狂乱地叫起来。

谭恩美马上回答:"你没有,真的,别担心。"

"我真的想不起来了!但我知道,我做过一些可怕的事情……我只想告诉你……我希望你能像我一样把它忘掉。"

"真的没有,别担心。"谭恩美只能重复这几个字,因为她哽咽着,她不想让母亲听出来。

"真的吗?"母亲平静了一些,"好吧,我只是想让你知道。"

挂上电话,谭恩美大声哭了出来,既伤心,又幸福。

6个月后,母亲故去了。她及时把最能抚慰人的话留给了女儿,好似拨开云雾后那开阔、湛蓝的天空。"遗忘掉仇恨和痛苦,铭记住亲情与关怀,这才是人生最重要的。"谭恩美在母亲的葬礼上如是说。

可见,忘记是对痛苦的一种解脱,是对伤害的一种抚慰,是对自我的一种释放。有人说人心如杯,不倒去旧水,就无法盛装新水。

生活也是如此,如果不愿意舍弃过去,忘记曾经的痛苦,就无法让心灵成为一个空杯,无法承载新的生活。很多时候，生活不再精彩，不是因为生活反复无常，而是因为人们的背负太重。所以忘记痛苦，倒空旧水，你会发现空杯原来可以容纳更多美好的甘醇。

20世纪，美国建筑大王凯迪的女儿和飞机大王克拉奇的儿子，在两家父母的撮合下，彼此有了情分。但两个人的来往并不顺利，总是磕磕绊绊，争吵时有发生。两家人都是社会上的名流巨富，儿女们的这种关系，让他们大伤脑筋。他们甚至担心，会不会发生什么不测。

谁想，担心什么就有什么，令他们震惊的事还是发生了，凯迪的女儿竟然被克拉奇的儿子毒死了。

克拉奇的儿子小克拉奇因一级谋杀罪被关进大牢，两家人的身心因此受到沉重的打击。从此两家人的生活变得暗无天日。克拉奇的儿子在事实面前却拒不承认自己的罪行，这使凯迪一家非常气愤。而克拉奇一家也在拼命为儿子奔走上诉。如此一来，两家人便结下了深仇大恨。

一年以后，法院做出终审，小克拉奇投毒谋杀的罪名成立，被判终身监禁。克拉奇为了能让儿子在今后得到缓刑，也为了消除儿子的罪恶，拐弯抹角不断以重金为凯迪一家做经济补偿，以便凯迪能不时地到狱中为儿子说情。克拉奇每一次的补偿都是巧妙地出现在生意场上，这使得凯迪不得不被动接受。

而凯迪每得到克拉奇家族的一笔补偿，就像是接过一把刺向自己内心的刀，悲痛难言。凯迪埋怨自己，也埋怨女儿当初怎么就看错了人。而克拉奇的全家更是年年月月天天生活在自责中，他们怨恨没有教育好自己的儿子。

两家人都是美国企业界中的辉煌人物，然而生活却如此地捉弄他们，让他们不得安生。一年又一年，两家人的心情被巨大的阴影所笼罩，从来没有真正地笑过。他们承认，这些年为此所付出的心理代价是用任何金钱也换不来的。

然而，苦苦承受了20多年的罪愆后，最终的事实证明，凯迪女儿的死，并不涉及善恶情仇。事情引起了美国媒体的巨大轰动，面对报社的采访，凯迪与克拉奇两家都说了同样的话："20年来，我们付不起的是我们已经付出的，又无法弥补的心态。"

伤人者自伤。或许，他们都明白这一点，但在迷失心智的那一刻，却全然忘记这一点，只记得报复。报复是什么？那是一把双刃剑，当你畅快淋漓地刺伤那些伤害你的人的同时，也在伤害你自己和那些真正爱你的人。

既如此，又何必恋恋不忘，伤害自己呢？忘记报复，摆出一副不在乎的姿态，对曾经伤害过你的人来说，才是最有力的回应；而对自己来说，更是一种心灵的自由。

对那些已经无法更改的伤害，更是不必耿耿于怀，试着每天忘记一些不该记住的东西，把锁上的心门打开，让自己寻找快乐。你会发现，天空并不是那么灰暗，痛苦也不是紧紧围绕着自己，伤心的感觉总会慢慢减弱。世间万事总有它的因由和无奈，浅笑安然，好过背负着报复的利剑。

4.看开了,谁的心中都有一片海

世间最大的苦是自己看不开,让自己的心蒙尘受苦。人看开的时候,心灵之门是敞开的,什么都看清了,就不怕了。很多时候人的恐惧都因为看不清。看开了,恐惧没有了,心情就好了,一好百好,人逢喜事精神爽。心灵之门一关,一切都看不清了,因为看不清,人们会有一种戒备、焦虑的心理,自然无法积极乐观起来。换一个角度思考问题,完全是两种结局、两种心境。所以,当我们遇到困难与挫折的时候,千万不要钻牛角尖,不妨换个角度思考,劝解自己,看开一些,人生没有过不去的坎儿。

两个渔民因为船只失事而流落到一个荒岛。甲渔民一上岸就愁眉苦脸,担心荒岛上没有充饥之物、落脚之处。乙渔民一上岸就为自己将要开始一段新的生活而欢呼。

两个人在荒岛上找到一个山洞,乙渔民为今晚可以睡一个好觉而庆幸,甲渔民却担心洞里面是否有怪兽。乙渔民安然入睡,甲渔民辗转难眠,不知道明天怎么度过。

上帝可怜两个渔民,让他们在荒岛上意外地发现了一袋粮食。乙渔民高兴得手舞足蹈,而甲渔民担心怎么把生米煮成熟饭,煮出来的饭是否咽得下。岛上没有淡水喝,他们不得不喝海水。乙说:"喝淡水喝惯了,喝喝海水换换口味。"

而甲渔民极不情愿地把海水咽下,怨声载道。每吃完一顿饭,乙渔民总是很满足地说:"又过了一天。"而甲渔民总是叹气:"唉,假如粮食吃完了该怎么办呢?"

粮食一天一天地减少,终于被他们吃完了。荒岛上还有些野果,他们把它们采摘回来。乙渔民说:"运气真好,竟然还有水果吃。"甲渔民哭丧着脸说:"从来没有这么倒霉过。上帝不要我活了,竟然要吃这样的野果。"终于野果也吃完了,他们再也找不到其他可以吃的东西了,只好挨饿。为了保持力气,他们只好躺在洞里休息。乙渔民说:"想不到我竟然什么也不要做还可以睡觉。"甲渔民绝望地说:"死亡离我们越来越近了。"

最后一刻,他们都坚持不住了。乙渔民说:"终于可以抛开一切烦恼,投奔天国了。"甲渔民说:"我还不想下地狱。"乙渔民死了,脸上挂着微笑。甲渔民死了,脸上充满悲伤。

痛苦的时候,心灵会像漂浮在汪洋大海之中,四周都是波涛,心中不安又恐惧,害怕下一秒自己就会沉没。出于求生的本能,我们张望着,想要寻找一条让我们渡过难关的船只,多数时候,我们等到的只是一块浮木,一根稻草。在失望的人眼中它们起不了任何作用;可在满怀希望的人眼中,这无疑是一种平安的信号。对待生活中的任何事,都要有积极的心态,不要轻视每一个痛苦,也不要错过每一次快乐的机会。

08 清：时光扑面而来，我们终将释怀

一位油漆匠去给一位老太太粉刷墙壁。当他走进门，看到她的丈夫双目失明时，顿觉怜悯。可是男主人开朗乐观，和他的妻子有说有笑，还不时地和油漆匠开开小玩笑，油漆匠在这里工作得十分轻松、惬意。一天，油漆匠忍不住问这位男主人为什么如此地快乐。

男主人笑了笑："为什么不快乐呢？我在一次事故中失明，虽然我再也看不见阳光和鲜花，但是我能感受到阳光的普照，闻得到鲜花的芬芳。我还有一个健康的身体，最重要的是我的妻子不离不弃，对我的爱一如既往。比起那些瘫痪不能自如走动，没有温馨的家庭的人，我已经很幸运了，所以我没有理由不快乐。"他的话让油漆匠很受感动。

一周后，墙壁粉刷竣工，油漆匠取出账单，老太太发现比原来谈妥的价钱少了很多。她问油漆匠："怎么少算这么多呢？"油漆匠回答说："我跟你先生在一起觉得很快乐，他对人生的态度，使我觉得自己的境况还不算最坏。所以减去的那一部分，算是我对他表示的一点谢意，因为他使我不再把工作看得太苦！"

面对苦难，我们不要有太多的遗憾，是保持心灵的那份平静，还是被不安与烦躁的情绪所笼罩，一切都源于我们自己。只要我们不做无谓的抱怨，不自己吓自己，不斤斤计较乱生气，就能享受生命的快乐。

每个人都会多多少少有些贪婪。好奇与利益会使一个人

看不到眼前的美好，却使人奢求曾经错过的东西。我们常说："失去了才懂得珍惜。"为何不把平常的错过看得淡一些呢？如果让你选择大海与小河，你会如何呢？也许你会选择波澜壮阔的大海，这意味着你要错过有无数淡水、静谧安详的小河。但你无须悔恨，每条路都有各自美妙的结果。

人生路上，我们无数次被自己的决定或碰到的逆境击倒、欺凌甚至碾得粉身碎骨。但无论发生什么或将要发生什么，在上帝的眼中，我们永远不会丧失价值。所以，创伤是一种历练，而不是惩罚，不要因为自己遭受的挫折、创伤而贬低、否定、惩罚自己，而应该重新整理心情和人生，带着这种创伤留下的疼痛和成熟继续上路。

错过了爱情，我们学会了爱；错过成功，我们学会了拼搏；因为错过，我们学会了珍惜；因为遗憾，我们学会了抓住机遇……每一种创伤，都是一种成熟。

我们常常安慰别人说："人生是没有圆满的。"我们不能得到一切，我们永远不会是最幸福的人。然而，谁说人生是没有圆满的呢？我们所拥有的是另一种圆满。

我们从遗憾中领略圆满。没有分离的思念，怎么能领略相聚的幸福？没有经历过被出卖的痛苦，怎会领略忠诚的可贵？没有品尝过失败无奈的滋味，又怎会体会成功的喜悦？没有遭遇病魔的袭击，怎能体会健康对人的重要？在纷纷扰扰的人世间，能够拥有，能够相聚，彼此忠诚，长相厮守，不正是一种圆满吗？

5.别总在冬天怀念夏天的炙热

世事未必能尽如人意,有欣喜,当然也有黯然。它固然有成串的欢笑,当然也有令人沮丧而泣的时刻。但那都只是过眼云烟,终不能永远定格在生命之中。

人一旦停滞在昨天、过去,就会产生杂念,有执着恋旧之心,便会痛苦、怨恨、嗔怒、不甘心。

1954年,巴西的男女老少几乎一致认为,巴西足球队定能荣获世界杯赛的冠军。然而,天有不测风云,足球的魅力就在于难以预测。在半决赛时,巴西队意外地输给了法国队,结果没能将那个金灿灿的奖杯带回巴西。

球员们比任何人都更明白,足球是巴西的国魂。他们懊悔至极,感到无脸去见家乡父老。他们知道,球迷们的辱骂、嘲笑和扔汽水瓶子是难以避免的。

当飞机进入巴西领空之后,球员们更加心神不安,如坐针毡。可是,当飞机降落在首都机场的时候,映入他们眼帘的却是另一种景象:巴西总统和两万多名球迷默默地站在机场,人群中有一条横幅格外醒目:"这已经是过去!"

球员们顿时泪流满面,低垂的头都扬了起来。

4年后,巴西足球队不负众望赢得了世界杯冠军。

回国时,巴西足球队的专机一进入国境,16架喷气式战斗机即为之护航。当飞机降落在道加勒机场时，聚集在机场上的欢迎者多达3万人。在从机场到首都广场将近20公里的道路两旁，自动聚集起来的人群超过了100万。这是多么宏大和激动人心的场面！

人群中又出现了四年前那条横幅："这已经是过去！"

球员们慢慢地把高高扬起的头低了下来。

人的一生是个漫长的过程，所有眼前的事情，在时间的长河里都显得那样的渺小，真正值得去做的不是缅怀往昔，而是重新开始，继续创造未来。

乔丹，NBA篮球界的一个奇迹，他是全世界人们最耳熟能详的篮球运动员，曾经获得无数个辉煌的成绩。那么，他是如何从一个名不见经传的普通球员，成长为国际明星的呢？

在乔丹还是个不太知名的普通球员时，有一次，他所在的队取得了一场比赛的胜利，和同伴们一样，乔丹也沾沾自喜地畅说着自己内心的喜悦之情，而一旁的教练却显得相当冷静。他把乔丹叫到一旁，用十分严肃的口气对他说："你是一个优秀的队员，可是在今天的比赛场上，我不得不说你发挥得极差，完全没有突破自己，你离我想象中的乔丹还差很远。你要想在美国篮球队一鸣惊人，必须时刻记住——要学会自我淘汰，淘汰昨天的你，淘汰自我满足的你，否则你就不会有寻求完善的心……"

听了教练的话，乔丹惭愧极了，他将这些话铭记于心，时刻激励着自己。在不懈的努力下，乔丹的球技得到了迅速的提升，他终于挺进了芝加哥公牛队。后来，他又成为全美国乃至全世界家喻户晓的"飞人"。日后，乔丹曾多次表示过，自己取得的成绩离不开教练当初的那一席话，是教练让他明白必须忘记过去的辉煌，才能更加集中精力应对眼前的事情。即便在他已经成为篮球巨星的时候，依然不忘用当初的那些话来提醒自己。

为什么总要沉湎于过去，而忘了前面的路呢？要知道世上没有常胜将军，失败是难免的，跌倒了就应该爬起来，这也是一种胜利。

人生是宝贵的，我们要珍惜，要不断向前看，而不应该沉湎于过去。做生活的强者，幸福靠自己创造，坚持到底就是胜利，锲而不舍才能成功，成功只能代表过去，时间就像边角料，要学会合理利用，一点一滴都不放过。知识越多越谦虚，生活充实就不会胡思乱想，登高而望远。

6.努力了，结果还那么重要吗？

也许你并不优秀，但只要尽力而为，便有机会在苦难中绽放光芒，拥有灿烂的人生；也许你很懦弱、胆怯，但只要尽力而为，困难并不是无法战胜。"从现状出发，尽力而为"是一座帮你通向幸福美好的桥梁。但有的人，偏偏有桥不走，寻死跳河。凡事不求完美，但只需要尽力而为，就会有一股隐藏在差距之中等待创造未来的奇迹力量。正如狄斯利说的那样："当一个人全心全意追求一个目标，甚至愿意以生命为赌注时，那么他就是所向无敌的。"

从前有个王国，老国王的年纪大了。一天，他把三个儿子叫到跟前，对他们说："我们王国北方有一座最险峻的山峰，山顶上长着全世界最老、最高、最壮的松树。我将派遣你们独自去攀登那座高峰，从那棵树上摘一根树枝回来，凡是把最棒的树枝拿回来的人，就可以继承我的王位。"

第一个王子带着行囊和装备出发了。三个星期后，风尘仆仆地回到王国，带回了一根巨大的树枝。国王似乎很满意，恭喜他完成了任务。

接下来轮到第二个王子，他发誓要取回更好的树枝，于是带着帐篷和必需品上路了。第六个星期快结束时，他才回来，拖着一枝庞大的松枝，比第一个王子拿回来的大了很多。国王高兴极了。

最后，最小的王子收拾行囊朝高山出发。然而他久久没有回来，直到第十四个星期，才传来第三个儿子正在返家路途中的消息。

国王算准他到家的时间，命令全国人民聚在一起，等候第三个儿子回来。王子到达时，全身衣服又脏又破，不仅疲累不堪，而且连一根小树枝都没带回来。

小王子眼里含着羞愧的泪水说："对不起，父亲，我试着去完成你交代我的事，找到那座雄伟的高山，日以继夜地登上最顶端，寻遍了整个山顶，可是发现那里根本就没有树！"

国王泪流满面，向幼子温和地说："你是对的，那座山顶根本没有树木，现在，我们王国的一切都是你的了。"

众人不解，便问国王为何要将王位传给这位没能带回树枝的儿子。国王说："他虽然没有带回树枝，但他是我三个儿子中最努力的。当他发现山顶没有树枝的时候，他接受了眼前的现状。接着，他花了好几个星期去寻找我所说的那些树，虽然他最后都没能找到，但他有着作为一个国王应该有的素质。"

只要在生活中永远选择尽力而为，到最后你一定会收获丰硕的果实。或许我们可以假设一下，假如那个最小的儿子最终没有能获得国王的位置，但至少他努力了，至少在自己以及很多人心里，他已经是一个成功的人了。

约翰森是一个黑人，因为存在种族歧视，他从小就经常受到不公平的待遇，这给他的心灵留下了深深的烙印。大学毕业后，他决定自己创办一份杂志。可是，启动资金却成了问题，因为银行不肯贷款给黑人，除非抵押大量财产。无奈，他向母亲借了一套贵重的家具，这套家具是母亲花了半辈子的积蓄才买来的。

经过一年的艰苦创业，约翰森的杂志打开了销路，他赚了第一桶金，还将母亲的家具赎了回来。没过多久，一场金融危机突然袭来，约翰森的事业遭到了重创，他甚至连吃饭都成了问题。很多人都嘲笑他不是经商的料，但他并没有被嘲讽吓倒，一边捡破烂，一边为重新组织公司做着努力。

功夫不负有心人，几年后，他又办起了杂志社，人们都对他竖起了大拇指。正当他雄心勃勃准备大干一场时，几位股东却突然撤资，杂志社再次举步维艰。在他周围，闲言碎语又渐渐多了起来。

约翰森万念俱灰，对母亲说："妈妈，这次我真的失败了。"

母亲问他："孩子，你尽力了吗？"

"我尽了最大的努力，但已经没用了。"他回答。

"不，努力是永远不会没用的，孩子。你不要在乎别人的流言蜚语，人生不是以成败论英雄的。所以，你只需要做好自己，坚持下去，没有人会看不起你。"母亲说。

母亲的话，使约翰森想起先前失败后，人们对他的态度，他明白了母亲话中的涵义。的确如此，失败了不要紧，就怕因此而放弃了努力，只要你尽了最大努力，并坚持下去，就不会成为"失败者"。明白了这个道理，约翰森的信心又被重新点燃了，他立志做一个成功者。后来，他付出了艰辛和努力，获得了成功。

从现状出发，尽力而为，就能问心无愧。不论是工作、学习，还是追寻幸福，我们都要尽力而为。成功了纵然欢喜，失败了也不必太过忧伤，因为我们已经尽力。很多人，常常抱怨生活不给他机会。殊不知，机会常常都是给那些凡事尽力而为的人。因为，这样的人更容易获得成功。

我们每天都在渴望成功，渴望名利双收。可希望越大，失败后心里的落差也越大。我们可以这样想想：为什么不尽力而为呢？只要凡事尽力而为，就能问心无愧，即使一事无成，也能收获途中乐事。

7.活在当下，静待花开

很多人喜欢把时间浪费在追悔过去或是憧憬未来。其实，真正地把握住现在才是最有意义的。

不论昨天发生了什么，不管明天会发生什么，当下才是你所在的地方，也是你起步的地方。

从前有个年轻英俊的国王，他既有权势，又很富有，但却为两个问题所困扰：一是我一生中最重要的时光是什么时候呢？另一个是我一生中最重要的人是谁？

他对全世界的哲学家宣布，凡是能圆满地回答出这两个问题的人,将分享他的财富。哲学家们从世界各个角落赶来了,但他们的答案没有一个能让国王满意。

这时有人告诉国王,在很远的山里住着一位非常智慧的老人。国王马上就出发去找他。

国王到达那个智慧老人居住的山脚下后,装扮成一个农民。

他来到智慧老人住的简陋的小屋前,发现老人盘腿坐在地上,正在挖着什么。"听说你是个智慧的人,能回答所有问题。"他说,"你能告诉我谁是我生命中最重要的人、何时是我一生中最重要的时刻吗?"

"帮我挖点土豆。"老人说,"把它们拿到河边洗干净。我烧些水,你可以和我一起喝一点汤。"

国王以为这是对他的考验,就照老人说的做了。他和老人一起呆了几天,希望他的问题能得到解答,但老人却没有回答。

最后,国王对自己和这个人一起浪费了好几天的时间感到非常气愤。他拿出自己的国王印玺,表明了自己的身份,宣布老人是个骗子。

老人说:"我们第一天相遇时,我就回答了你的问题,但你没明白我的答案。"

"你的意思是什么呢?"国王问。

"你来的时候我向你表示欢迎,让你住在我家里。"老人接着说,"要知道过去的已经过去,将来的还未来临——你生命中最重要的时刻就是现在,你生命中最重要的人就是现在和你呆在一起的人,因为正是他和你分享并体验着生活啊。"

一个懂得珍惜当下的人会以一种发展的心情去看待事物。《大学》中提到过:"止于至善。"意思是说,人应该懂得如何努力而达到最理想的境地,懂得自己该处于什么位置是最好的。一个珍惜当下的人,遇到事情会坦然面对,欣然接受;能与爱人琴瑟和鸣,相濡以沫。珍惜当下是一种人生底色。当我们都在忙于追求、拼搏而找不着北时,珍惜当下,这种在平凡中渲染的人生底色所孕育的宁静与温馨对于我们是一个避风的港口。休憩整理后,毅然前行。真正做到自得其乐,人生便会多一份从容,多一份达观,多一份开朗,多一份自信,多一份优雅。你会发现,你的人生可以活得这样开心!

如果你始终对过去的事情念念不忘,陷入深深的泥潭中不能自拔,那么你便永远也不会快乐。要记得一个简单的道理:珍惜当下的拥有,你才会拥有属于自己的快乐,你身边的人也会因为你的珍惜而获得幸福。

很久以前,在一个香火鼎盛的寺庙里,有一只蜘蛛染上了佛性。

有一天,佛从天上路过,看见了这个香火很旺的寺庙,就来到了这个寺庙里。佛看见了那只蜘蛛问:"蜘蛛,你知道在这个世界上最值得珍惜的东西是什么吗?"

蜘蛛回答："得不到的和已经失去的。"

佛说："好，3000年后你再来回答这个问题。"

佛走了。

蜘蛛仍然生活在这个寺庙，每天都为前来许愿的人们祈祷，每天都为他们的故事感动着。日子就这样在不知不觉中慢慢地过去。

3000年后，佛又来到了这个寺庙，他又问这只蜘蛛："蜘蛛，你知道在这个世界上最值得珍惜的东西是什么吗？"

蜘蛛仍然回答："得不到的和已经失去的。"

佛说："好，3000年后你再来回答这个问题。"

佛走了。

蜘蛛仍然生活在这个寺庙里。忽然有一天一阵风刮来了一滴甘露，这滴甘露就落在蜘蛛的网上，蜘蛛很喜欢这滴甘露，它每天都看着它，觉得自己很幸福，觉得每天时间都过得很快。但是有一天，那阵风又刮来了，并且把甘露带走了。蜘蛛失去了甘露，它很伤心。日子就在蜘蛛的悲伤中慢慢过去了。

3000年后，佛再一次来到这个寺庙，他又问蜘蛛："蜘蛛，你知道在这个世界上最值得珍惜的东西是什么吗？"

蜘蛛仍然回答："得不到的和已经失去的。"

佛说："好，那你就和我一同到人间走一趟吧。"

蜘蛛随佛来到了人间。

18年过去了，蜘蛛投胎成了一个官宦之家的小姐，取名珠儿。同年，投胎转世的甘露也成了金科状元。在一次皇宫的大宴上，珠儿和甘露又一次相遇了。甘露仪表堂堂，举止文雅,成为了众人瞩目的焦点,自然也得到了皇帝的女儿——长风公主的青睐。珠儿并不着急,因为她知道,她和甘露的缘分是上天定下的。

　　有一天,珠儿去寺庙里烧香,恰巧遇见了陪母亲来烧香的甘露。她走过去,甘露文质彬彬地说:"小姐,您有何贵干?"

　　珠儿的脸色顿时变得很苍白:"你难道不认识我了吗?我是珠儿呀,就是两千多年前的那只蜘蛛。"

　　甘露不解地回答:"对不起小姐,我想你是认错人了,我并不认识你,也不知道你说的是什么。"

　　甘露扶着母亲走了。珠儿陷入了无比的悲痛之中。她不明白这份上天注定的姻缘,竟是这样。几天后还沉浸在痛苦中的珠儿听到了两个消息:一是皇帝把自己的女儿长风公主许配给了今科状元——甘露,二是皇帝把她许配给了自己的儿子——甘草。

　　听到这个消息,珠儿终于坚持不住了,她一病不起。甘草很伤心,他来到珠儿的床边,握着昏迷之中的珠儿的手说:"珠儿,你知道吗,自从在父皇的大宴上看见你,我就已经深深地爱上你了,所以我请求父皇把你许配给我,如果你死了,我这下半生……"

　　珠儿已经听不见了,因为她的灵魂已经慢慢离开了她的躯体,她的灵魂看着身边默默流泪的甘草,感觉像有一把刀在心里狠狠地割了一下。

　　正在这时,佛出现了,他问珠儿:"你现在能告诉我什么是世界上最值得珍惜的吗?"

珠儿含着眼泪说："得不到的和已经失去的。"

佛说："难道你还不明白吗？甘露在你的生命中只是一个过客，他是被长风带来的，也是被长风带走的，所以他属于长风公主。而你在寺庙生活的那段日子里，在你网下的甘草，一直默默地注视着你，爱慕着你，只是他没有勇气告诉你，你也从来没有低下过你那高贵的头颅。"

这时的珠儿早已双眼含泪。她点点头，看着自己身边的甘草说："在这个世界上最值得人们去珍惜的是现在身边所拥有的。"

一个懂得珍惜当下的人不会顺手让青春年华如流水般一去不复返。因为人的一生只不过短短几十载，所以才有了古人不由发出的"花有重开日，人无再少年"的感慨。也正是因为如此，才有了岳飞《满江红》中的"莫等闲，白了少年头，空悲切"的自勉之句。

珍惜光阴，把握现在，这是我们必须明白的人生道理。

卡耐基曾经说过："人要生活在今天的密封仓里，就是要人专心过好当下的生活。"因为过去的已经过去，仅仅回忆是没有什么意义的。同时，人也不能总担心未来的事情，因为未来总是不确定的，我们所担心的事情多半不会发生。过去的意义就在于它为我们现在的生活提供指导，它能让我们看得更清楚。未来的意义也是为我们的现在树立目标，现在的所有努力都是围绕将来的目标。总之，过去的已经过去，未来还遥不可及，我们唯一能把握的只有现在了。

09 舍

停下你匆忙的脚步，等一等你的灵魂

人们总是在工作时一心想要休息，但真正休息下来时却又想着工作，结果既没有提高工作效率，又没能充分地休息，使自己更加愉快。

如果你也深有同感，那么就请放慢生活的脚步。

● ● ● ● ● ●

1.累了吗，那就停下来歇歇吧

现代人除了焦躁、孤独、寂寞，还常常被另一种"疾病"所折磨——疲劳综合征。身边的很多人经常抱怨说："我实在太累了，每天最想做的事情就是睡觉。"这句话也是正在看这本书的你的心声。

的确，沉重的生活压力和快速的工作节奏，令许多人长期地生活在疲劳之中。即使精神和身体发出抗议，也没有时间和机会让自己好好休息一下。

还有许多人更是认为年轻的身体就是上帝赐予的本钱，是挣取金钱、赢得地位的工具。但是，疲劳带来的可能会是更多无法弥补的伤害。据医学调查发现：疲劳不仅容易让人产生忧虑感、自卑感，还会降低人体的免疫机能，从而罹患各种疾病。如果一个人长时间处在疲劳之中，他的身心健康便会受到极其消极的影响。所以，朋友们一定要注意休息，远离"疲劳综合征"。

约翰·洛克菲勒在19岁的时候便开始与人合伙做农产品转售生意。凭借独到的商业眼光和无与伦比的经商头脑，他在31岁时便建立了一个世界上最庞大的垄断企业——美国标准石油公司。从那以后，他每天的目标和任务就是挣钱和攒钱，终于在50岁之前便成了世界上拥有财富最多的人。

已经拥有的巨额财富，并没有让洛克菲勒感到幸福。尽管他每周的收入高达几万美金，可是一旦赔了钱，他仍然会大病一场。即便是赚了大钱，他的庆祝方式也不过是跳一段土风舞而已。

一次，洛克菲勒的一批价值4万美金的货物途经伊利湖时，突然遭遇飓风。此前他没有交纳保险费，因此整夜担心货物受损，在办公室里来回踱步。第二天一早，他见到合伙人，便焦急地喊道："快去看看我现在还来不来得及投保!"合伙人急忙奔赴保险公司洽谈,费了好大劲终于办妥了保险业务。当他回来向洛克菲勒汇报时,发现洛克菲勒的心情更糟了。因为他刚刚收到电报,货物已安全抵达,并未受损!于是,洛克菲勒更生气了,因为他们刚刚白花了150美元投保。

除了赚钱及教主日祈祷,洛克菲勒没有时间做其他任何事情,包括休息。即使坐拥巨额资产,他却一直担心财富可能随时失去。他缺乏幽默,永远只顾眼前,他的生活充满了忧虑及压力,以至于严重损害了他的健康。

在接下来的几年里,洛克菲勒患上了消化系统疾病,毛发开始不断脱落,甚至连睫毛也无法幸免。他请来了最权威的医生,但是没人能治好那些疾病。他的传记作者说,他在53岁时,看起来就像个僵硬的木乃伊。在农庄长大的洛克菲勒原本体魄强健,可此时的他却肩膀下垂、步履蹒跚。

哲学家史威夫特说过:"金钱就是自由,但是大量的财富却是桎梏。"的确,这个"为钱疯狂"的人,得不到亲人的爱,得不到下属的尊敬,得不到合伙人的同情,拥有的只有竞争对手的憎恨。终于,到了57岁那一年,他的健康状况严重恶化,医生警告他,如果不想60岁之前死去,就不要再因为赚钱而紧张、忧虑和惊恐,要想缓解病情,每天只能喝酸奶,吃几片苏打饼干。这位世界上最富有的人,一个星期能吃得下的食物却要不了两美元。

再不改变,就只有"死路一条",此时的洛克菲勒终于想通了,他不再疯狂地挣钱了。他开始学习园艺,打高尔夫球，与邻居聊天、玩牌，并尝试着为别人着想，掏钱赞助种种医学实验，思考如何用钱去为他人造福。总而言之，洛克菲勒开始把他的财富散播出去。他忽然发现，"花钱"竟然比"赚钱"还要快乐，一夜睡眠比一桩买卖更宝贵。他真真切切地感受到了"幸福"。就这样，这个53岁时差点丧命的人，最后活到了98岁。

无论一架机器多么精良，如果不按时加油保养，都有毁坏的危险；无论一块手表多么精准，如果始终将发条上得十足，表将不会使用很久。擅长驾驶的人，永远不会把车开的过快；精于弹琴的人永远不会把琴弦绷得过紧。人也是如此，如果一个人整天忙于学习和工作，劳累过度，等到支撑不住时才肯罢手，那么他可能从此一蹶不振，再也无法恢复往日的健康。

一个人倘若能够赢得全世界却输了自己还有什么意义？身外之物根本不值得我们用生命去换取，人的贪欲就像无底洞，永远都填不平。当然倘若将身外之物看得很重，那么仅有财富却轻视生命的人生是空虚的。贪婪的生活节奏是很快的，它会带人走进十足压抑的环境。它慢慢地侵蚀你的生命，让生命一点点的透支，当你想要放下这一切的时候却发现，自己已经被掏空了。任何财富都没有生命有价值，因为有了生命才可以创造无限的财富，但是有了无限的财富却没有生命，你要如何消受这些财富呢？

2.无论多忙也别忘了运动,即便是伸伸懒腰也好

法国著名医学家蒂素说:"运动的作用可以代替药物,但是所有药物都不能代替运动。"健康是幸福的主要因素,锻炼是健康的重要保证。在这个世界上,没有比结实的肌肉和新鲜的皮肤更美丽的衣裳。

法国启蒙思想家伏尔泰说"生命在于运动",而"身体才是革命的本钱"。一个人如果想让自己过上不一样的生活,实现自己的人生梦想,首先你需要让自己拥有一个好的身体。无论你平时的工作多么繁忙,你都应该拿出一部分的时间去锻炼。

如果一个人说自己没有时间和精力去运动,其实就只能归咎一个字:那就是"懒"。生命在于运动。运动可以强健身体、陶冶性情、磨炼意志,一举多得。无论你是否喜欢运动,都应该定时定期运动,没有时间锻炼身体的人,早晚会被繁重的劳动累垮。

小强在社会上打拼了几年,感觉自己的体质越来越差。无论哪个同事感冒了,他总是公司里面第一个被传染的,而且通常大病、小病都不落下。小强的身体素质和他的名字正好相反,不仅不强,而且还很弱。有的时候帮助女同事搬一个箱子,都会肚子痛、手抽筋。每天上班就在办公室里面坐

一天，下班坐车回去，上楼坐电梯，回到家躺在沙发上看报纸，或者坐在沙发上看电脑，晚一些就睡觉了。循环往复，一直不变。

小强没有感觉到工作繁重，但是尽管如此，自己还是感觉劳累不堪。有的时候偶尔爬个楼梯，才到二楼腿就酸得发抖了。小强一直觉得自己没有时间锻炼，而且也不知道缺乏锻炼会有什么样的后果。

有一次，公司举行全员越野大赛。只要能够坚持下来没有中途退缩的，公司就会给予奖励。起初跑的时候，小强一直在心里面暗暗地为自己打气，因为只要跑完全程就有奖金，而且自己也不想被同事们笑话。

跑了一段后，小强感觉到一阵眩晕，还有呕吐的感觉，另外自己的胸口也是火辣辣地痛。再跑了一小段之后，他眼前一黑，晕倒在了路上。他被送到了医院，医生的诊治结果是一直缺乏锻炼，这次突然进行这么高强度的运动，他的大脑出现了缺氧现象。

康复后的小强开始每天走路上班，坚持每天都爬楼梯上楼，能站着动一动，坚决不坐着。周末的时候再也不待在家里上网了，而是选择出门到外面跑步或者去健身房，开始进行体育锻炼。

这样坚持了一年以后，小强不仅仅有了健壮的肌肉，而且几乎很少生病了。公司里面女同事的体力活儿他几乎全部都包下了，大家都称赞他很棒。

09 舍：停下你匆忙的脚步，等一等你的灵魂

总而言之，缺乏运动对人们的健康状况的影响是显而易见的。美国一位运动生理学家说过："缺乏运动才是真正的慢性自杀，它给人们造成的危害不亚于酒精和尼古丁。"所以，为了保证我们的健康和幸福，保持适量的运动是非常必要的。

35岁的章先生是一家外企的行政人员，他的工作离不开电脑，因此常常在电脑前一坐就是一整天。从常理来看，到了三十几岁的年纪，大多数人都会出现肚腩或其他各种各样的身体状况，但这些问题却从来不曾找上章先生。有一天，公司的电梯出了故障，大家上下班的时候不得不爬楼梯。公司在20楼，同事们从1楼爬上来以后个个气喘如牛、大汗淋漓，而章先生却脸不红、气不喘，就像不曾爬过楼梯一样。大家好奇地询问他为什么身体这么好，章先生笑着说："没什么，只是我平时总是坚持运动罢了。"章先生告诉同事们，每天下班后，他都会跑跑步、打打球，每天上下班都坚持爬楼梯；周末的时候他还会去爬山、骑自行车郊游。所以，尽管自己的工作压力很大，却精力充沛、活力无限。

可见，通过适当的运动，人可以变得更加精力充沛、自信乐观、朝气蓬勃！达·芬奇曾经说过："生命在于运动。"适量的运动是保证人体正常的新陈代谢的重要因素。《吕氏春秋·尽数篇》说："流水不腐，户枢不蠹。形气亦然，形不动则精不流。精不流则气郁。"而华佗则更进一步指出：

"人体欲得劳动,但不当使极身。动摇则谷气得消,血脉流通,病不得生,当譬犹户枢,终不朽也。"这些都表明了运动的重要意义。

大量的相关研究也表明,任何形式的适量运动,比如种草栽花、较长距离的散步等都能够有效改善人的身心健康。医学专家也认为,运动可以减少很多人都会出现的忧郁情绪,提高人们的生活、工作热情,从而改善人们的生活质量、提高工作效率。因此,我们可以结合自己的实际需要,选择一种或几种运动方式,并长期坚持下去,让运动为我们的健康保驾护航。

3.停下匆忙的脚步,抬头看看蓝天白云以及星空

上帝给了一个工作特别繁忙的人一个任务,让他牵着一只蜗牛去散步。上帝对他说:"给你一个任务,牵着这只蜗牛去散步吧,不要放开它。"

于是这个人带着上帝给他的任务,牵着蜗牛去散步。他不能走得太快,虽然蜗牛已经尽力往前爬,但是每次它只能挪那么一点点。他不停地催促它,大声地呵斥它、责备它。

蜗牛用抱歉的眼光看着他,仿佛在说:"人家已经尽了全力!"他使劲拉它,甚至想踢它。蜗牛受了伤,流着汗、

喘着气往前爬，但是还是那么慢吞吞的。这个人就想：真奇怪，为什么上帝叫我牵一只蜗牛去散步？这对于我来说简直就是折磨，对于蜗牛来说也是煎熬！他不禁昂头向天质问："上帝啊！为什么？"

天上一片安静，上帝没有回答。"唉！也许上帝又去抓蜗牛了！"这个人想，"好吧！松手吧！反正上帝已经不管了，我还管什么？"任蜗牛往前爬，这个人就跟在后面生闷气。突然间，他闻到了花香，才知道：哦，原来这边有个花园。他又感到微风吹来，才知道：哦，原来夜里的风这么温柔。他又听到鸟叫，听到虫鸣，看到满天的星斗亮丽多姿。咦？以前怎么没有这些体会？他忽然想起来，原来他弄错了！上帝是叫蜗牛牵他去散步啊！

仔细想来，人生苦短，岁月无情。人生前十年幼小，后十年衰老，中间几十年忙于学习、奔波工作。而无论是上学还是工作，更多的是出于一种身不由己的选择，因为上学是成长的需要，工作是生计的需要。真正算来，属于每个人自由支配的时间又有多少呢？

记得有一位法国作家说过这样的一句话："上帝把幼小的我们给了父母，把青年时的我们送给社会，把中年时的我们送给了家庭，到了老年，他终于慈悲地把我们还给了自己。"如果，我们听从上帝的安排，在年老时才能够拥有自己的时间，那么人生是不是未免太悲哀了呢？所以，为自己留一点闲暇时间，那无疑是一种明智之举。

一个自以为非常成功的年轻人来到巴厘岛旅游。一天，他不小心摔破了眼镜，便不得不中断行程，叫了一辆出租车返回旅馆。在车上他向司机询问修眼镜的地方，但是司机告诉他说，只有到首府才能修好眼镜。年轻人闻言，随口叹道："这里真是太不方便了。"

司机不以为然地笑着说道："这里很少有患近视的人，所以并不会感到不方便。"由于两人聊得很投机，于是这个年轻人决定第二天包他一整天的车，借到首府修眼镜的机会顺便欣赏一下沿途的风光。

司机考虑了一下，同意了年轻人的请求。第二天，他们准时八点出发，很快便到达了首府，修好眼镜的年轻人在首府逛了一上午后觉得有些劳累，便产生了打道回府的想法。但他一想到司机可能为了接这笔生意，而推掉了许多原有的计划后，就不好意思开口说想要回去了。在经历过一番激烈的思想斗争后，年轻人终于下定决心向司机小心询问道："不好意思，司机先生，如果我现在只想包半天，不知会不会给您带来极大的不便？"

出人意料的是，司机竟然分外高兴地说到："没有没有。其实你昨天说要包一整天车的时候，我还犹豫不决呢，若不是因为咱俩聊得来，我定不会接受全天包车的。"

"为什么？"年轻人感到非常奇怪。

司机解释道："我早就为自己设定好了一个工作目标，每天只要赚够六百块，我就收工。而你用一千二百块包车一整天,这可是我两天的工作量,我会因此而失去自己的时间。""那你可以明天再休息呀!"年轻人觉得这才是最完美的解决方法,于是如是建议道。

但司机却摇摇头说:"这可万万不行,如果做满一整天然后再休息的话,慢慢就会衍变成做一周、然后是做一个月再休息,到了最后可能就会变成做一整年才能休息,最终可能就会导致终生不得休息了。"

年轻人听后觉得很有道理,点了点头,继续问道:"那闲暇的时候你们都做什么呢?那么多空闲的时间,难道不会感到无聊吗?"

司机哈哈大笑,回答道:"怎么会呢?这里好玩的事情可多了呢,一点儿都不会感到无聊。而且巴厘岛家家都有斗鸡的习惯,收工后,我就玩玩斗鸡,有时候陪孩子们一起去广场上放放风筝,或者到海边去打打排球、游游泳,这些都会使我的生活变得更加快乐惬意!"

年轻人听后恍然大悟,不禁回顾起自己原来的生活。自己没日没夜地拼命工作挣钱,但却很少按自己真正的意愿好好享受生活的悠闲。天天想着赚够钱后就享受,可事实上却是"明日复明日",房子是越换越好,越换越大,但已经大到只能请佣人打扫;而且已经贵到只有拼命工作,才能还上日渐上涨的利息。于是,为了能有更多的时间专心工作,他只好住在公司,有家不归。但是,这样一来,大房子又有什么意义?而我们自己又变成了什么?是房子的奴隶还是不停转的工作机器,抑或是驮着金钱的驴?

4.放弃那些无谓的忙碌

现代社会,竞争日益激烈,生活节奏越来越快,但每个人却都活得更加压抑,失去了更多的私人空间。

我们每天都被工作日程表牢牢地禁锢住了,那上面满满地记载着我们每天必做之事,而它也霸占了我们生活的中心。但当我们稍微有时间放松一下时,影视剧、电脑游戏、娱乐中心等又将我们淹没。人们通过这看似忙碌的假象,来掩盖自己害怕寂寞的事实,这使得我们丧失了独立思考的时间,也让我们无法再享受到清闲。

爱琳·詹姆丝曾经是美国倡导简单生活的专家。作为一个作家、一个投资人和一个地产投资顾问,在努力奋斗了十几年后,有一天,她坐在自己的办公桌前,呆呆地望着写满密密麻麻事宜的日程安排表。突然,她意识到自己对这张令人发疯的日程表再也无法忍受下去了。自己的生活已经变得太复杂,用这么多乱七八糟的东西来塞满自己清醒的每一分钟,这简直就是一种疯狂愚蠢的生活。就在这时,她作出了一个决定:她要开始摒弃那些无谓的忙碌,多给自己的心灵一点时间。

于是,她开始着手列出一个清单,把需要从她的生活中删除的事情都罗列出来。然后,她采取了一系列"大胆"的行动。她取消了所有电话预约。她停止了预订的杂志，并把堆积在桌子上的所有读过、没有读过的杂志全部清除掉。她注销了一些信用卡，以减少每个月收到的账单函件。通过改变日常生活和工作习惯，使得她的房间和庭院的草坪变得更加整洁。她的清单总共包括八十多项内容。

爱琳·詹姆丝说："我们的生活已经变得太复杂了。在我们这个世界的历史进程中，从来没有像我们今天这个时代拥有如此多的东西。这些年来，我们一直被诱导着，使得我们误认为我们能够拥有一切东西，我们已经使得自己对尝试新产品都感到厌倦了。许多人认为，所有这些东西让我们沉溺其中并且心烦意乱，因为它们已经使得我们失去了创造力。"

"因为受习惯的生活方式的影响，你每天有多少活动是不得不勉强去做的？追求舒适的习惯和繁琐的例行公事是否让你的日常生活落入浪费时间、浪费精力的陷阱？其实减少那些程式化的活动，并不会因此减少快乐的机会。"

"习惯驱使我们去做所有这些日常琐事。我们总是担心如果不去做，就会失去某些东西。其实，也许我们的确会失去什么东西，但是这没什么不好，我们还是好好地活着。还不仅仅是活着，而是活得更潇洒了，因为我们再也用不着试图去做所有的事情，看看那些对人类的艺术领域、音乐领域、科学领域作出过卓越贡献的人，如毕加索、莫扎特、爱因斯坦，这些人都生活在极为简单的生活之中。他们全神贯注于自己的主要领域，挖掘内在的创造源泉，因此，获得了丰富精彩的人生。"

　　人生负重有时候是因为我们额外地增加了一些不必要的工作，表面上看起来，我们是有所追求，是积极向上，但是仔细分析之后就会发现，我们陷入了为忙碌而忙碌的怪圈之中。为了不承担懒惰、消极的恶名，或者为了一些可有可无的消费享受，我们把自己支使得团团转，这实在是一种错误的心态。

　　忙碌的人们，该清醒一下了，仔细分析一下，就会发现总有些东西需要放下。摒弃那些多余的东西，不要让自己迷失方向。贪婪导致人们占用大量的时间和精力，而这些时间和精力本来可用在我们真正应该去做的事情上。

　　闲暇之余，你不妨拿出一张纸来，列一个表，把自制的娱乐方式和娱乐项目列出来。想想野炊或野营，做点手工艺，锻炼一下身体或种点花草，甚至读书、画画、写文章……都挺有趣的。虽然这些娱乐活动很简单，但它会让你感到开心。

　　伟大的哲学家尼采曾经说："所有的伟大思想都是在散步中产生的。"生活中一些不起眼的行为就能让你感到轻松舒适，散步就是其中最简单也是最廉价的一种。

　　当面对工作的负荷，再也无力应战的时候，当遇到烦心事，思绪混乱的时候，不妨给自己一个独立的安静的环境，不妨去公园逛逛，欣赏姹紫嫣红……这时你会突然发现：天是那么湛蓝，云也分外洁白，这个世界真的好美丽，而这时自己也会拥有一份好心情！不妨撑起一把小花伞在雨中漫步，在青石板小巷里欣赏雨中美景，那细雨会把你的坏心情冲洗干净……

舍掉一些无谓的忙碌，时常给自己的心灵放个假，不但会使你疲惫的神经得到适时的放松，也会使你乏味平淡的生活得到调剂和点缀。

5.上帝都可以打盹，为何我们不忙里偷个闲

相信很多人都有过这样的经验：当面对工作上的难题，百思不得其解时，或是被情绪的牢笼困在原地时，如果放纵自己，随心所欲的话，经常会灵光乍现，找出解决的办法。

如果一个人不懂得如何休息，那他同样也不会懂得如何工作。对于工作生活压力过大的人来说，学会休闲同样十分重要。我们应该把足够多的时间留给自己，这样就可以随心所欲，做自己想做的事，你可以上午去钓鱼，也可以下午搞创作。当然休闲并不是休眠或是休止，而是在紧张的战斗中的小憩、准备和补充，如同乐谱中的停顿，狮虎搏击前的弓步。

最好的治疗方法就是休闲中的沉思，因为它可以使我们的内心保持一份安宁与自由。正如亚里士多德所说："万事

万物环绕的中心只有休闲，它是产生哲学、艺术和科学的基本条件之一。"同时休闲也有助于我们舒缓压力，在休闲中，很多工作上的难题就会迎刃而解。

美国作家詹姆斯·道森在《假如赶快些》中写下了这样一个故事：

父子俩一起耕作一片土地。一年一次，他们会把粮食、蔬菜装满那老旧的牛车，运到附近的镇上去卖。但父子二人相似的地方并不多。老人家认为凡事不必着急，年轻人则性子急躁、野心勃勃。

一天清晨，他们套上了牛车，载满了一车子的粮食、蔬菜，开始了旅程。儿子心想他们若走快些，当天傍晚便可到达市场。于是他用棍子不停催赶牛，要它走快些。

"放轻松点，儿子，"老人说，"这样你会活得久一些。"

"可是我们若比别人先到市场，我们便有机会卖个好价钱。"儿子反驳。

父亲不回答，只把帽子拉下来遮住双眼，在牛车上睡着了。年轻人很不高兴，愈发催促牛车走快些，固执地不愿放慢速度，他们在快到中午的时候，来到一间小屋前面，父亲醒来，微笑着说："这是你叔叔的家，我们进去打声招呼。"

"可是我们已经慢了半个时辰了。"儿子着急地说。

"那么再慢一会儿也没关系。我弟弟跟我住得这么近，却很少有机会见面。"父亲慢慢地回答。

儿子生气地等待着，直到两位老人慢慢地聊足了半个时

09 舍:停下你匆忙的脚步,等一等你的灵魂

辰,才再次启程,这次轮到老人驾牛车。走到一个岔路口,父亲把牛车赶到右边的路上。

"左边的路近些。"儿子说。

"我晓得,"老人回答,"但这边路的景色好多了。"

"你不在乎时间?"年轻人不耐烦地说。

"噢,我当然在乎,所以我喜欢看漂亮的风景,把时间都享受起来。"

蜿蜒的道路穿过美丽的草地,经过一条清澈河流。这一切年轻人都视而不见,他心里翻腾不已,十分焦急,他甚至没有注意到当天的日落有多美。

他们最终也没有在傍晚赶到。黄昏时分,他们来到一个宽广、美丽的大花园。老人呼吸芳香的气味,聆听小河的流水声,把牛车停了下来。"我们在此过夜好了。"老人说道。

"这是我最后一次跟你做伴,"儿子生气地说,"你对看日落、闻花香比赚钱更有兴趣!"

"对了,这是你这么长时间以来所说的最好听的话。"父亲微笑说。

几分钟后,父亲开始打呼噜,儿子则瞪着天上的星星,长夜漫漫,儿子好久都睡不着。天不亮,儿子便摇醒父亲。他们马上动身,大约走了一里路,遇到一个农民正在试图把牛车从沟里拉上来。

"我们去帮他一把。"老人低声说。

"你想浪费更多时间?"儿子有点生气了。

"放轻松些,孩子,有一天你也可能掉进沟里。我们要

帮助有所需要的人，不要忘了。"儿子生气地扭头看着一边。等到另一辆牛车回到路上时，已是大天亮了。突然，天上闪出一道强光接下来似乎是打雷的声音。群山后面的天空变得一片黑暗。

"看来城里在下大雨。"老人说。

"我们若是赶快些，现在大概已把货卖完了。"儿子大发牢骚。

"放轻松些……这样你会活得更久，你会更享受人生。"仁慈的老人劝告道。

到了下午，他们才走到俯视城镇的山上。站在那里，看了好长一段时间。两人都不发一言。

终于，年轻人把手搭在老人肩膀上说："爸，我明白您的意思了。"

他把牛车掉头，离开了那从前叫作广岛的地方。

我们总是被一个又一个的目标逼迫得忙着赶路，工作紧张，生活也紧张，但当我们回首的时候，会发现我们错过了太多的美好。

在这个快节奏的时代，我们的脑海里都有个"紧箍咒"，每天都念着："加油，再努力一点。"可是我们在为了生活疲于奔命的时候，是否问过自己有没有真正"生活"过一天？约翰·列侬说过："当我们正在为生活疲于奔命的时候生活已离我们而去。"经济的发展并没有带来幸福，反而我们的幸福感在一点点流失。

幸福，不是一味地奔跑。幸福，需要一颗糖果，需要一杯茶，也需要一杯酒。养几盆花，像照顾孩子似的照顾它，看着它开了花，发了新枝，你会感到很快乐。没事的时候练练字，不要让电脑前的敲敲打打代替笔下的洋洋洒洒。叫上好友去洗个桑拿，蒸个汗蒸，边洗边聊也很享受。无聊时泡泡网，听着优美的音乐，赏着美文，也是美的享受。

6. 休息，是为了走更长远的路

在瑞士，休息是每个人最重要的权利，而几乎人人都把"会休息的人才会工作"这句话当做是他们生活中的至理名言。百年的和平环境，使得瑞士人早已不用再为了创造财富而终日忙忙碌碌，虽然普通大众仍十分看重工作权利，但是相较之下，他们还是更加追求休息的权利。

那么，他们休息的时候都会去哪里呢？

一位瑞士人回答道，一般情况下，普通市民下班后就直接回家，吃完饭后读读书看看电视，然后便一觉睡到大天亮，但是到了周末他们是一定会出门散散步或是锻炼锻炼身体。对于瑞士人来说，如何安排每年的休假可谓是他们的头等大事，大多数人常常在前一年就开始着手准备计划安排日程了。而且他们一般都不会太顾及手头上的工作进展，该休假时就一定会休假，即使老板给再多的加班费也无济于事，在度假面前，天大的事情都得延期再办。

同样，在我国古代也早就出现了"一张一弛，文武之道"的说法。在竞争日益激烈的职场上，所有人的精神都像钟表一样，上紧了发条。但是我们应该注意的是：如果弦绷得太紧，就会断裂。所以，在工作中，及时地调节自己，注意休息，才会有利于我们自己的身心健康，同时也会对我们的事业大有帮助。

工作时就专心努力，休息时就充分享受，懂得工作也要懂得休息。如果天天只知埋头于工作，忙得连轴转，虽然表面上看起来工作时间加长了，但实际上工作效率却并没有得到提高，反而更容易酿成疾患。

在人们长期形成的固有的意识理念中，只有那些"老黄牛"们，诸如每天加班加点、工作上不计得失，"鞠躬尽瘁，死而后已"的人才最值得我们尊敬，才是我们学习的楷模。由于社会的大背景鼓励着人们加班加点、废寝忘食地工作，更是对累倒甚至累死在岗位上的工作人员褒奖有加，所以在这种氛围下，人们觉得要是不经常加班加点地工作就是不上进。但实际上，这种舆论倾向是一种错误的导向，它非但没有提醒人们要注意自己的身体健康，反而鼓励人们、引导人们透支生命。

工作是永远都没有尽头的，但生命却是脆弱而短暂的。只有懂得享受生活，维持健康，才能够继续赚大钱，进而更好地体验生活的本质。

09 舍：停下你匆忙的脚步，等一等你的灵魂

从前，一位大客户亲自上门拜访杰克逊先生，可谁知他的助理却告诉他说："十分抱歉，我们经理现在正在马来西亚度假，要不您五天之后再来吧！"

"什么！五天？他竟然丢下这么大一摊生意，去度假五天！"客户的双眼瞪得如两只铜铃一般，仿佛质问自己的下属一样惊讶地问道。"是的，先生。而且经理度假之前，特意交代，无论公司发生什么事情，都不要在这五天当中去打扰他！"助理恭恭敬敬地回答。

"那么，我可以给他打电话吗？"客户不死心地追问道，"我绝不说公事！"

助理犹豫再三，最终答应客户的请求。

当杰克逊先生一接通电话，客户就在这边大叫起来："你每小时的工作可以挣到40美元，你现在一下子就休息了五天，你算算，一天工作八个小时，你这样下去一个月就少挣1600美元，而一年就少赚12个1600美元，老兄，你这样做值得吗？"

杰克逊先生在电话里懒洋洋地回答道："如果我一个月多工作五天的话，一天工作八小时，虽然我能够多赚1600美元，但是我的寿命却将因此而减少四年，这样算来，损失就是48个1600美元，你觉得到底哪个更值得呢？"

客户闻言一时语塞。

当工作和生活发生了冲突，引起了矛盾时，你会怎么办

呢？杰克逊先生果断地选择了休息，投身于大自然的美景当中，享受生活的无限乐趣，这样的选择无疑更加有利于工作，推动事业的发展。虽然"会休息才会工作"这个道理人人皆知，也了解硬撑着会使工作的效率降低，但大家还是不愿意将宝贵的时间"浪费"在休息上。但是通过杰克逊经理算的那笔账，我们应该足够清醒地认识到把工作当成生活的全部，是多么愚蠢的行为啊！

我们虽然要对懒散的坏习惯避而远之，但是过于"勤快"也未必就是什么好习惯。李宗盛在一首歌中这样唱道："忙、忙、忙，忙得没有了方向，忙得没有了主张……"其实一心低头忙碌的人们，就像是一只只陀螺，因被不停地抽打而一直转动着，这使得他们陷在了一种状态里，连自己都不清楚自己该做些什么，总是在毫无意义的忙碌着。如果不花时间思考，只顾拼命工作，只会让愈来愈多的事倍功半的事情发生。只有事前多做一些准备，多增强自己的实力，才会事半功倍，将工作完成得更好更出色。

丘吉尔是英国历史上最伟大的首相之一。在任英国首相期间，其责任重大、工作繁忙可想而知，但他对休息非常重视。

第二次世界大战期间，丘吉尔已经是70岁高龄，仍然日理万机，每天都非常忙碌，但他总是精力充沛，充满热情地去工作，丝毫没有流露出疲倦的神色。这主要得益于他能够注意休息，在工作之余能及时地放松自己，抓住空闲的点滴时间休息。

一般情况下,他每天中午都要睡1个小时,晚上8点吃饭之前也要睡两个小时,即使乘车他也会闭目养神,休息一下。

丘吉尔还有个习惯,一天中无论什么时候,只要一停止工作,就爬进热气腾腾的浴缸中洗澡,然后裸着身体在浴室里来回踱步以放松自己。

由于能够保持良好的精力,丘吉尔在任职英国首相期间,取得了辉煌的政绩。第二次世界大战期间,丘吉尔和罗斯福、斯大林一起制订同盟国的战略计划。1940年5月10日,也就是希特勒向西欧发动进攻的当天,丘吉尔迅速把国民经济转入战时轨道。英军自敦刻尔克撤退和法国投降后,丘吉尔坚定地领导英国及英联邦国家人民英勇地进行反法西斯战争,在不列颠之战中重创德国空军,粉碎希特勒进攻英国本土的计划。1941年6月22日希特勒进攻苏联的当天,丘吉尔迅速明确地表示保证援助苏联人民。1941年8月,丘吉尔与罗斯福总统在纽芬兰的普拉森夏湾会晤,发布了关于对德战争的目的和战后和平的《大西洋宪章》。之后他的政策就是与苏联、美国建立反法西斯联盟。1941年12月,日本偷袭珍珠港,他马上与美国缔结一系列协议,建立联合委员会,筹备两国的经济和军事资源、成立联合参谋部和各战区的联合司令部。可以说,第二次世界大战的胜利,离不开丘吉尔精神饱满的工作和努力,丘吉尔的贡献对于第二次世界大战的胜利是必不可少的。

有人曾问他精力充沛、身体健康的秘诀，丘吉尔说："我的秘诀是当我卸下制服时，也就把责任一起卸下了。"

漫漫人生路，只有真正懂得享受生活的人，才不枉在这世上走过一回。首先，要保证自己拥有健康的身体以及充沛的精神去应对一切纷繁复杂的事情。并且还要注重饮食健康，讲究营养均衡，不要养成抽烟喝酒的坏习惯。其次，要保持心态的健康和稳定。大多数情况下，名利欲望、急于求成、消极悲观或者满腹唠叨等都不利于缓解紧张和疲劳。所以，下班后首先要做的就是抛开一切烦恼和压力，让身心回归安定的状态。

如果每天的生活只围绕着工作打转儿，那么生活就一定是索然无味的。因此，要做到兼顾休闲和工作，同时也要做到合理分配。工作和休闲都是生活中不可或缺的一部分。但调查结果却显示，大多数人习惯于占用原本应该休闲的时间工作，或被一成不变的工作消磨得不能自己。结果虽然他们的工作能力得到加强，但休闲能力却愈来愈差。最常见的表现就是：人们总是在工作时一心想要休息，但真正休息下来时却又想着工作，结果当然是既没有提高工作效率，又没能充分地休息。

如果你也深有同感，那么就请放慢生活的脚步，学会放松身心，懂得适时休息。

7. 拒绝不必要的应酬，吃出健康

已故京剧大师叶盛兰在世时，对饮食颇为在意。

叶盛兰的一日三餐简单而不单调，总是粗粮、细粮搭配，荤菜素菜兼有。叶盛兰爱吃面食，饺子、窝头、热汤面都吃得既可口又舒服。每天早上起来，他一般喝杯牛奶，吃两个煮鸡蛋，才开始工作。午饭一般是两荤两素，外加一碗羊肉杂面汤，吃得很不错。

叶先生会的戏很多，昆乱兼擅，尤以善雉尾生最为有名，有"活周瑜"的美誉。但演武小生，唱念开打并重，体力耗费很大，所以如果晚上有戏码，叶盛兰就先吃两个热馒头就点儿青菜垫补垫补，这叫"戏前饭"。等到散戏回来之后，家里人再给做几样他喜欢吃的偏重鲁味的菜，像干烧黄鱼、红烧海参、清炖鸡汤等。但太油腻的菜就不合他的口味了，相比之下，他更爱吃一些拌黄瓜、鸡丝拌粉皮、香椿拌豆腐等清香爽口的凉拌菜。

这样的食谱既合口味，又保护叶盛兰那道劲宽亮的金嗓子。此外，凡辛辣之物、零食之属，他从不沾唇，而家里的蜜柑、苹果、鸭梨却是常备常吃的。

健康是一种生活方式，它从每天的饮食开始。

随着生活节奏的加快，晚餐几乎成为了上班族们一天的唯一正餐。早餐担心时间，午餐心系工作，只有到了晚上，人们才能够真正地放松下来，安安稳稳地坐在餐桌前，心满意足地大吃一顿。但事实上，这有悖于养生之道。那么，晚餐究竟应该怎么吃才会更健康呢？

对于大多数的都市人来说，晚上有应酬，已经是"家常便饭"了。但是为了你的身体健康着想，在应酬时一定要注意以下几点：

首先，晚餐要适量，能吃多少点多少，主随客便。其中，特别要注意的是，肉类菜不要过量，一旦过量，则会导致人体呈现酸性体质，易产生疲劳之感；而且过多的蛋白质只能依靠肾脏排泄出去，这在无形中又增添了其负担。特别是对于高血压患者来说，其肾脏功能早已受到损害，如果再加重肾脏负担，无疑是雪上加霜，加重病情。

其次，要适当增加豆制品和鱼类的摄入。因为豆制品可以降脂，而鱼肉中富含的不饱和脂肪酸同样可以起到降脂的作用。

再次，注意营养均衡，做到不挑食、不偏食，荤菜最多吃三种，且每样只吃一筷子。吃饭时一定要细嚼慢咽，且尽可能多吃一些蔬菜，并将蔬菜与荤菜的比例控制在3:1或4:1上下，这样即使摄入过多的肉类，增加的蛋白质也会随蔬菜中的膳食纤维一起排出体外。

最应该强调的是，虽然在应酬中喝酒是不可避免的，但为了自己的健康着想，喝酒一定要限量。喝一点点酒，尤其是红酒，有利于消化、以及促进胃液分泌和血液循环。但是酒桌上劝酒、嗜酒和醉酒等行为，都有害于身体健康。此外，最好在酒后吃一点米饭，因为米饭在胃里可以形成一种食糜的物质，它可以长久地稀释酒精浓度，从而不易引发呕吐现象。还可以在饭后半小时吃点水果，但最好不要饮茶、吸烟，因为茶中存在一种鞣酸的物质，它有碍人体吸收食物中钙、铁元素。

对于那些没有应酬，在家吃温馨晚餐的人们来说，只有一件事值得注意，那就是晚餐要早吃。

有关研究结果表明，晚餐早吃有助于降低尿路结石病的发病率。因为晚餐的食物里，富含大量的钙质，在新陈代谢的过程中，一小部分的钙被小肠吸收利用了，而剩下一部分的钙则通过肾小球的过滤进入泌尿道然后排出体外。一般情况下，人体内的排钙高峰是在餐后4~5小时内，如果过晚食用晚餐的话，当你已经入睡后排钙高峰期才会到来，此时尿液便会存留在尿路系统中，如输尿管、膀胱、尿道等，不能被及时排出。这样尿中的钙量就会不断增加，从而极易沉积下来形成小晶体，时间一长，就会逐渐扩大为结石。

另外，晚餐的菜式一定要偏素，最好以富含碳水化合物的食物为主，而且应该多吃一些新鲜的蔬菜，少吃一点富含蛋白质、脂肪类的食物。在日常生活中，由于准备的时间相对充足，所以大多数家庭的晚餐都是十分丰盛的，但这却有害于身体健康。如果蛋白质摄入过多，而人体也无法全部吸收的话，过剩的蛋白质就会存留在肠道中，慢慢就会变质，产生有毒物质，诸如氨、硫化氨等，进而刺激肠壁诱发癌症。如果脂肪摄入过多的话，还会导致体内血脂的升高。而且大量的临床医学研究证明，与晚餐经常吃素食的人相比，经常吃荤食的人体内血脂会多出3~4倍。

最后，相较于早餐和午餐，晚餐应该少吃。一般要求晚餐所供给的热量不宜超过全天总热量的30%。如果在晚餐时摄入过多热量，则容易引起体内血脂胆固醇增高，久而久之就会造成动脉硬化和心脑血管疾病的爆发。如果晚餐吃得过饱，就会导致血液中糖、氨基酸、脂肪酸等浓度的增高，而人们在晚餐后活动量往往较小，从而热量消耗也就较少，在胰岛素的作用下上述物质就会转变为脂肪，最终导致肥胖。

10 治

总要低下头，才能寻到自己喜欢的样子

> 自恃孤傲会引来杀身之祸，逞能的结局是自找死路。聪明、智慧、有内涵的人无论何时，通常都会表现得很谦卑。

● ● ● ● ● ●

1.花开半夏酒要微醺，聪明也要适可而止

君子之心事，天青日白，不可使人不知；君子之才华，玉韫珠藏，不可使人易知。

君子的内心像青天白日一般明朗，光明正大，没有一丝一毫的阴影与黑暗。但他的才华和能力却应该像珠玉一样深深地藏起来，不可轻易向世人炫耀。

俗话说："枪打出头鸟。"这里的"鸟"有两解：一是因

为"鸟"的优秀容易引起事端;二是因为"鸟"带了头更容易引起事端。事端出了,造成不良后果了,纵然你是一只好鸟,那也不过是一只等着挨枪的鸟。

三国时期,杨修在曹操手下任主簿。起初曹操很重用他,杨修却不安分,不时耍耍小聪明。有一次有人送给曹操一盒奶酪,曹操吃了一些,又盖好,并在盖上写了一个'合'字。大家都弄不懂这是什么意思,杨修见了,就拿起勺子和大家分吃,并说:"这'合'字是叫人各吃一口啊,有什么可怀疑的!"还有一次,建造相府,才造好大门的构架,曹操亲来察看了一下,没说话,只在门上写了一个"活"字就走了。杨修一见,就令工人把门造窄。别人问为什么,他说门中加个"活"字不是"阔"吗,丞相是嫌门太大了。

总之,杨修其人,有个毛病就是不看场合,不分析别人的好恶,只管卖弄自己的小聪明。当然,光是这些也还不会出什么大问题,谁想他后来竟渐渐地搅合到曹操的家事里去了。

在封建时代,统治者为自己选择接班人是一个极为严肃的问题,而那些有希望成接班者的人,勾心斗角,所以这种斗争往往是最凶残、最激烈的。但是,杨修却偏偏不识时务地挤到这场危险的赌博里去,而且还忘不了时时地卖弄自己的小聪明。

曹操经常要试探曹丕、曹植的才干,每每拿军国大事来征询他们的意见,杨修就替曹植写了十多条答案,曹操一有

―・10 治:总要低下头,才能寻到自己喜欢的样子・―

问题,曹植就根据条文来回答。因为杨修是相府主簿,深知军国内情,曹植按他写的答案当然事事中的,曹操心中难免产生怀疑。后来,曹丕买通曹植的随从,把杨修写的答案呈送给曹操,曹操气得两眼冒火,愤愤地说:"匹夫安敢欺我耶!"又有一次,曹操让曹丕、曹植出邺城的城门,却又暗地里告诉门官不要放他们出去。曹丕第一个碰了钉子,只好乖乖回去,曹植闻知后,又向他的智囊杨修问计,杨修干脆告诉他:"你是奉魏王之命出城的,谁敢拦阻,杀掉就行了。"曹植领计而去,果然杀了门官,走出城去。曹操知道以后,先是惊奇,后来得知事情真相,愈加气恼,于是开始找岔子要除掉这个不知趣的家伙了。

建安24年(公元219年),刘备进军定军山,他的大将黄忠杀死了曹操的爱将夏侯渊,曹操亲自率军到汉中来和刘备决战,但战事不利,要前进害怕刘备,要撤退又怕被人耻笑。一天晚上,护军来请示夜间的口令,曹操正在喝鸡汤,就顺便说了:"鸡肋。"杨修听到以后,便又要起小聪明来,居然不等上级命令,只管叫随从军士收拾行装,准备撤退。曹操知道以后,他竟说:"魏王传下的口令是'鸡肋',可鸡肋这玩意儿,弃之可惜,食之无味,正和我们现在的处境一样,进不能胜,退恐人笑,久驻无益,不如早归,所以才先准备起来,免得临时慌乱。"曹操一听,差点气炸,大怒道:"匹夫怎敢造谣乱我军心!"于是喝令刀斧手,推出斩首,并把首级悬挂在辕门之外,以为不听军令者戒。

虽然曹操事后不久果真退了兵，但平心而论，杨修之死也确实罪有应得。试想两军对垒，是何等重大之事，怎么能根据一句口令，就卖弄自己的小聪明，随便行动呢？无论有没有前面所说的那些芥蒂，单这一点也足以说明杨修其人是恃才傲物，我行我素，只相信自己，不考虑事情的后果的。杨修的办事为人，确实值得考虑，我们只应把他作为前车之鉴，切不可把它当成聪明的楷模。

每个人都有表现自己的欲望，特别是当别人并没有发现自己的长处时，那种欲望就愈发强烈，表现欲是为了证明自己的优秀，但"表现"和优秀有时并不成正比，决定优秀的是成绩，不是表现。过分表现有时会引起他人的不满、妒忌，这都会使表现效果大打折扣。更可怕的是，当出风头成为一种习惯，人们就会忘乎所以，在各种场合显摆自己，炫耀自己，这种行为带来的不是他人的肯定，只是暴露出自己的肤浅。

2.冷静冷静，小心成为别人捧杀的对象

当一个人获得了某种荣耀的时候，尤其是那种很难得的、经过了自己的不断努力才获得的荣耀，高兴的心情自然不用多描述了。但是当我们手捧着鲜花，听着别人的溢

美之词的时候,一定要控制自己高兴的情绪,不能忘乎所以。要知道那些荣耀都是别人给的,不是有句话说"水能载舟,亦能覆舟"吗?如果你不能冷静地对待,一味地在那份荣耀里耀武扬威,忘乎所以,最后的下场恐和范进中举差不多吧。

有这样一个寓言故事:

一只猫在主人给准备好的食物面前美美地饱餐了一顿,顾不上洗脸,鼻子上还沾着奶油,就打了个哈欠,伸了个懒腰,呼呼睡着了。这时一只饥肠辘辘的老鼠,嗅到了奶油的香味,它实在是太饿了,以致都没有看清这正是自己的天敌猫,莽莽撞撞张开嘴就咬。"哎哟!"一声惨叫,被疼痛惊醒的猫,一时也没弄清是怎么回事,还以为是主人看自己在睡懒觉而教训自己呢,叫了一声就逃之夭夭了。消息传开,这位莽撞的老鼠在整个鼠国很快就家喻户晓了,它被同伴们视为无畏的勇士,于是它便成了鼠类的骄傲。

"您为我们出了一口气,以前只有我们见猫逃的事,今天竟然是猫逃走了。在我们鼠类历史上还是第一次,您将永垂史册。"老鼠国的所有成员都夸奖它说。从此,无论这位鼠英雄走到哪里,哪里都有鲜花和欢呼围绕,还有漂亮的鼠小姐们对它频送秋波,脉脉含情。就这样,这位英雄也慢慢相信自己真的是猫的克星,不知不觉变得趾高气昂起来。

谁知没过多长时间,这只鼠勇士又碰上了那只倒霉的猫,它暗自高兴,这次又可以大显身手了,再给猫一个重创,抓瞎它的眼睛,用更大的胜利赢得更高的荣誉与尊敬。可是它怎么也没料到,自己哪里是猫的对手?这次猫看到它不仅没有逃走,而且主动进攻,要不是它逃的快,命都没了,但是它的尾巴还是被咬掉了半截,身体也受了伤。

这倒霉的消息也不胫而走,又轰动了整个鼠国。这次大家却不是用鲜花和欢呼迎接它,取而代之的却是铺天盖地的嘲笑:"懦夫!小丑!真是丢脸!"往日的英雄再没有人理睬,别说老鼠姑娘们的青睐,就是走路也得藏着半截尾巴,低着脑袋。

每个人都喜欢听赞美的声音,赞美不但能让人心情愉悦,还能够使人发现自己的优点,变得自信而上进。在善意的赞美下成长的人,更容易做出成绩,因为他们的心态始终是明朗的、积极的。不过,赞美也分为很多种,有一种赞美是糖衣炮弹,它会让你清醒的意识变得麻木,让你再也看不清楚真实的自己,让你变得自高自大。它会把你捧到一个很高的位置,然后突然消失,这时摔了跟头的你才发现,原来自己根本没有那么优秀,那么有实力。这种赞美又叫做吹捧,多数情况下,它可能只是旁人的一种客套,有的时候,它不怀好意,目的就在于麻痹你,摧毁你。

爱听人吹捧是一个危险的信号。因为一个人一旦习惯了吹捧,他就再也听不进刺耳却对自己有益的批评,他会主动远离那些正直的人,与习惯于溜须拍马的小人为伍,在他们

―― · 10 冶：总要低下头，才能寻到自己喜欢的样子 · ――

动人的言词中寻找自己的价值，肯定自己的功绩。而这些小人只是些势利之辈，他们靠着一张嘴混饭吃，不会真正的关心你，更不会在你困难的时候援助你，只会落井下石，倒打一耙。接受吹捧就是害自己，拒绝吹捧的人，才能保持理智，随时改正自己的缺点。

欧洲有位著名的女高音歌唱家，30岁便已享誉全球，而且也已经有了美满的家庭。有一年，她到邻国开一场个人演唱会，这场音乐会的门票早在一年前就已经被抢购一空。

表演结束之后，歌唱家和她的丈夫、儿子从剧场里走了出来，只见堵在门口的歌迷们，一下子全涌了上来，将他们团团围住。每个人都热烈地呼喊着歌唱家的名字，其中不乏赞美与羡慕的话。

有人恭维歌唱家大学一毕业就开始走红了，而且年纪轻轻便进入国家级的歌剧院，成为剧院里最重要的演员；还有人恭维歌唱家，说她25岁时就被评为世界十大女高音歌唱家之一；也有人恭维歌唱家有个腰缠万贯的大公司老板做丈夫，而且还生了这么一个活泼可爱的小男孩……当人们议论的时候，歌唱家只是安静地聆听，没有任何回应与解答。

直到人们把话说完后，她才缓缓地开口说："首先，我要谢谢大家对我和我家人的赞美，我很开心能够与你们分享快乐。只是，我必须坦白告诉大家，其实，你们只看到我们风光的一面，我们还有另外一些不为人知的地方。那就是，你们所夸奖的这个充满笑容的男孩，很不幸的是个不会说话的哑巴。此外，他还有一个姐姐，是个需要长年关在铁窗里的精神分裂症患者。"

歌唱家勇敢地说出这一席话，当场让所有人震惊得说不出话来，大家你看看我，我看看你，似乎难以接受这个事实。

我们不能不为这位歌唱家的理智和清醒喝彩！有多少人曾经在一片赞扬声中，迷失了自己，最终导致了失败。

一个人倘若希望自己有更大的发展，首先要警惕那些谄媚的笑脸与奉承的声音，它们都在无形中消磨你的雄心和意志。那么如何判断别人对你的评价是赞美还是吹捧，这完全取决于你对自己的认识。只要保持客观的心态，你能够很清楚地区分哪些人言之有据，哪些人言过其实。

赞美能给你再接再厉的能量，给你不断攀登战胜困难的信心和勇气。但是，一旦你的心被那些赞美声融化，你的眼睛被其蒙蔽，那么你就会和"方仲永"一样，成为别人捧杀的可怜可悲的牺牲品。

3.不偏激，以感激之情接受批评

一个人的智慧是有限的，一个人对事物的认识也会有局限性，只有不断地从他人的批评中吸取合理有益的成分，来弥补自己的不足，才能减少失误，取得成绩。所以，善于倾听别人的意见是每一个有志成功的人必须具备的品格。

苏雅刚从大学毕业的时候，被分配在一个离家较远的公司上班。每天清晨7时，公司的班车会准时等候在一个地方接送她和她的同事们。

一个寒冷的清晨，闹钟尖锐的铃声骤然响起，苏雅伸手关闭了吵人的闹钟，打了个哈欠，转了个身又稍微赖了一会儿暖被窝。那一个清晨，她比平时迟了一会儿起床，当她抱着侥幸的心理，匆忙奔到班车等候的地点时，已经是7点5分，班车开走了。站在空荡荡的马路边，她茫然若失，一种无助和受挫的感觉第一次向她袭来。

就在她懊悔沮丧的时候，突然看到了公司的那辆蓝色轿车停在不远处的一幢大楼前。她想起了曾有同事指给她看过那是公司的车，她想真是天无绝人之路。她向那车走去，在稍稍犹豫后打开车门悄悄地坐了进去，并为自己的聪明而得意。

为上司开车的是一位慈祥温和的老司机。他从反光镜里已看她多时了。这时，他转过头来对她说："你不应该坐这车。"

"可是班车已经开走了，不过我的运气真好。"她如释重负地说。

这时，她的上司拿着公文包飞快地走来。待上司习惯地在前面的位置上坐定后，她才告诉他说："对不起，班车开走了，我想搭您的车子。"她以为这一切合情合理，因此说话的语气充满了轻松随意。

上司愣了一下，但很快坚决地说："不行，你没有资格坐这车。"然后用无可辩驳的语气命令："请你下去！"

她一下子愣住了，这不仅是因为从小到大还没有谁对她这样严厉过，还因为在这之前她没有想过坐这车是需要一种身份的。就凭这两条，以她的性子定会重重地关上车门以显示她对小车的不屑一顾，而后拂袖而去。可是那一刻，她想起了迟到将对她意味着什么，而她那时非常看重这份工作。

于是，一向聪明伶俐但缺乏生活经验的她变得从来没有过的软弱，她用近乎乞求的语气对上司说："我会迟到的。"

"迟到是你自己的事。"上司冷淡的语气表示没有一丝一毫的回旋余地。她把求助的目光投向司机，可是老司机看着前方一言不发。委屈的泪水蓄满了她的眼眶，她强忍住不让它们流出来。

车内一下子陷入了沉默，她在绝望之余为他们的不近人情而伤心。他们在车上僵持了一会儿。最后，让她没有想到的是，她的上司打开车门走了出去。坐在车后座的她，目瞪口呆地看着有些年迈的上司拿着公文包，在凛冽的寒风中挥手拦下一辆出租车，飞驰而去。泪水终于顺着她的脸颊流淌下来。

老司机轻轻地叹了一口气："他就是这样一个严格的人。时间长了，你就会了解他了。他其实也是为你好。"

老司机给她说了自己的故事。他说他也迟到过，那还是在公司创业阶段，那天他一分钟也没有等我，也不要听我的解释。从那以后，我再也没有迟到过。

苏雅默默地记下了老司机的话，悄悄地拭去泪水，下了车。那天她走出出租车踏进公司大门的时候，上班的钟点正好敲响。

从这一天开始，她长大了许多。

一个积极主动的人还应该虚心听取他人的批评和意见。其实，这也是一种进取心的体现。不能虚心接受别人的批评，并从中汲取教训，就不可能有更大的进步。

安妮塔是著名的"美体小铺"创始人。她极善于人际沟通，提倡"愉悦上岗"，引导员工发挥各自的意见，而不是强迫员工服从她的意志。

在安妮塔公司，有统一的服饰，包括帽子、制服等。一次，安妮塔巡视车间时，一位工人问她："安妮塔，既然每道工序自动化，我们甚至连产品都看不见，为什么还要戴那顶愚蠢的帽子？难道我们的头发头屑会穿透铁皮瓶壁，落到产品里去?"

安妮塔立即意识到,员工讨厌戴这已经没有必要的帽子,却因为公司制度而不得不戴。这显然违背了公司要让每个员工"愉悦上岗"的原则。她马上说:"那么你明天上班时,把所有的帽子都藏起来。"

这位员工惊愕得目瞪口呆:老板居然教给员工违反纪律的法子,莫非只是在开玩笑。

安妮塔说:"我不是开玩笑。如果你不想戴帽子,就不要戴!不过要开开心心地不戴。"

还有一次,安妮塔走进一家分公司直营店,看见几位年轻女店员穿着皱巴巴的衬衫,心里顿感不快。作为一家生产和出售美容品的公司,员工形象是非常重要的。她问其中一位女孩:"为什么你们要把自己弄得像做苦力的?要知道,店员的形象就是整个公司的形象。"

女孩转过身来,没好气地说:"你以为我们都像你一样有洗衣机和烫熨台?"

安妮塔对女孩不礼貌的回答大为不满。她狠狠瞪了女孩一眼,一言不发地上了楼上的办公室。

但是,她静下心来一想,觉得这位女店员心里有怨气,是完全可以理解的:作为女孩子,谁不爱美?她们没有让自己更整洁的条件,公司却对她们提出这样的要求,真是强人所难!于是,安妮塔向每家连锁店发出通告,要求在员工更衣室配置洗衣机、熨斗和熨衣台。

一个月后,安妮塔专程上这家直营店,向那位说话呛人的女孩表示感谢,称赞她为公司提了一条合理化建议。那位女孩感动地哭了。

安妮塔公司为店员统一制作的制服,款式一般一年换四次。安妮塔经常亲自设计或选择服装款式。她对自己的审美眼光很满意。

一天,安妮塔发现一群女工正围着新发下的红套裙窃窃私语。她们看见安妮塔过来,立即缄口不语,显得有点尴尬。安妮塔马上意识到她们可能不喜欢红套裙,而这身红套裙是安妮塔一手策划并与服装师共同设计的。

安妮塔佯装惊讶:"哟,你们又有新制服啦?让我看看上面印的是什么花样,款式如何!"她的言外之意是:红套裙是别人操办的,以打消员工的顾忌。

然后,她问员工:"你们喜欢红套裙吗?"

她们说:"不喜欢。"

然后,她们指着红套裙挑出一大堆毛病。

安妮塔没想到自己的得意之作竟这么不受员工欢迎。于是,她决定由公司将这身红套裙统一收回,赠送给罗马尼亚的穷人,然后给员工换上新的制服。

由于安妮塔乐于倾听反对意见,所以,她随时能从员工那里得到好的建议,或者发现公司存在的问题并加以改进。不仅如此,她这种从善如流的作风还融洽了她跟员工之间的关系,整个公司一片祥和,员工充满了工作热情。在短短20年间,"美体小铺"已在全球45个国家拥有1000家分店。安妮塔本人也成为"化妆品女王"。

仔细想想，能让你长久记住的，恰恰是那些真正批评过你的人，因为他们是真心地对你好，真心地想帮助你。所以，当别人批评你时，你应该为此而高兴，因为他无偿告诉了你现在正处于什么样的位置，你应该怎么做才能更好，对于这样一个收获，你难道不应该向批评你的人表示感谢吗？

任何人不可能事事皆通、样样皆能，每个人的思想和其他人也不尽相同，思维方式当然也有差异。当有人向你提出不同的意见或是反驳你时，自然有他的理由，你不妨以谦虚诚恳的态度多听他们的意见和建议，这样可能会出现与你一意孤行时截然不同的效果。

4.争论不是辩论赛，你又何必唇枪舌剑

人与人交往，每个人都有说话的权利，每个人也都有发表意见的权利。对于那些不聪明的人来说，当别人的观点与他的观点不同时，他总试图证明别人的观点是错误的，想尽办法让别人认同自己的观点，这时，争论就不可避免。其实，有些争论完全是可以避免的，与别人发生无谓的争论，不仅伤害彼此之间的感情，而且也会破坏自己的形象。

── · 10 治:总要低下头,才能寻到自己喜欢的样子 · ──

休斯欠女明星珍妮100万美元。12个月后,珍妮合理合法地说:"我想要我合同上规定的钱。"休斯声明他现在没有现金,但有许多不动产。珍妮的立场是她不听辩解只要她的钱,休斯继续指明他现在现金周转不灵,要她等一等,而珍妮一直坚持合同的合法性,双方争论不休,人们都说这桩事要到法庭上一辩是非了。

可最后,事情怎么样了呢?珍妮坐下来仔细考虑了之后,对休斯说:"我们是不同的人,有不同的奋斗目标,让我们看看我们能不能在互相信任的气氛下一起分享利益、感觉和需要。"他们正是这样做了,他们之间的纠纷得到了解决,最终满足了双方的需要:把合同改为每年付5万,分20年付清,合同金额不变,但时间变了。一方面,休斯解决了资金周转困难;另一方面,珍妮的所得税逐年分期缴纳,并有所降低。有了20年的年金收入,她就不必为每日的财务问题烦恼了。珍妮和休斯都是胜利者。

人们在与朋友交往的过程中,由于存在好胜心理,有时即使理亏也要与朋友争辩。然而,每个人都渴望被他人认可、被承认,如果你常常在与朋友相处的时候与其争论,时间久了就会被认为是乏味无趣的人,让别人对自己敬而远之。

在一个为欢迎罗斯爵士而举办的宴会上,大家谈笑风生,气氛非常融洽。期间坐在卡耐基旁边的一位先生讲了一个有趣的故事。而在这个故事中，他提到了这样一句话："无论我们如何粗俗，有一个神，就是我们的目的。"然后他非常自信地说："这句话出自《圣经》。"

这时卡耐基立刻意识到他说错了，因为他十分肯定这句话根本不是《圣经》中的，而是出自莎士比亚的一篇文章。于是，卡耐基就指出了他的错误。但这位先生不仅仅没有意识到自己的错误，还始终坚持自己的说法，并坚定地对卡耐基说："不可能！这句话不可能出自莎士比亚的一篇文章，它分明就出自《圣经》。年轻人，是你记错了吧。"

听到那位先生这样的话，卡耐基那种喜欢辩论的执拗劲就上来了，当场和那位先生激烈地争论起来。但是令卡耐基懊恼的是，卡耐基虽然知道自己所说的是正确的，但是却拿不出任何证据来。看着对方死不认错的样子，卡耐基简直气坏了，恨不得拿一盆凉水泼到对方的头上。

这时候贝琳达夫人刚好走了过来，贝琳达夫人曾经潜心研究过莎士比亚，她一定知道这件事谁对谁错。于是，卡耐基请贝琳达夫人来做个评判。贝琳达夫人坐到卡耐基旁边，她听完事情经过后在桌子底下用脚轻轻地碰了碰卡耐基，然后对大家说："戴尔，是你记错了，这句话不是出自莎士比亚的文章，而是出自《圣经》。"随后，大家满意地举起酒杯庆祝这场辩论会的结束。

当晚宴结束的时候，卡耐基略带气愤地对贝琳达夫人说："你是知道的，这句话分明出自莎士比亚的文章，为什么你要说我错了呢？"

---- · 10 治:总要低下头,才能寻到自己喜欢的样子 · ----

贝琳达夫人微笑着说:"戴尔,不错,这句话的确出自《哈姆雷特》第五幕第二场。但是我们只是一个客人,为什么要指出对方的错误,难道你这样做对方就会喜欢你吗?所以,我们应该保住对方的面子。记住,与人交往要避免正面冲突。"

从这件事情以后,卡耐基认识到了自己的缺点,并且逐渐地改变了自己。的确,与别人争论不休并不是一件好事情,因为这并不能给我们带来任何好处。富兰克林就曾经说过这样一句话:"如果你辩论、争强、反对,或许你有时候会获得胜利,但是这种胜利是非常空洞的,更重要的是你会失去对方的好感。"这句话能给人们很多启示:短暂的、口头的、表演式的胜利并没有多大意义,只有那些能够长期获得对方好感的行为才是明智的。

与人做无谓的争辩不能给自己带来任何好处。因为即使你说的是正确的,也很难改变对方的思想,而且招人厌恶;但当你保持沉默、避免和对方发生冲突时,对方反而能够冷静地倾听你的意见,进而达到良好沟通的目的。

所以,一定要记住避免与人做无谓的争论。因为这除了给你带来更多消极的影响外,不会有任何积极意义。

5.看破别说破,谁会喜欢伤疤被揭开

心理学家发现,人们总是会在发现和纠正别人的错误中获得身心的愉悦,他们渴望力所能及地改变别人的错误,却往往忽略了一点:几乎每一个人都不喜欢别人对自己的行为决策指指点点,都不愿意被人发现并指出自己的错误和缺陷。

在英国经济大萧条时期,18岁的凯丽好不容易才找到了在高级珠宝店当售货员的工作。在圣诞节前夕,店里来了一位30多岁的顾客,他衣衫破旧,满脸忧愁,用一种羡慕而不可及的目光,盯着店里那些高级首饰。

在凯丽去接电话的时候,不小心把一个碟子碰倒,顿时六枚价值不菲的钻戒落到地上。她急忙弯腰捡起其中的五枚,但第六枚却不见踪影。当凯丽抬起头时,她看到那个30多岁的男子正向门口走去,顿时她意识到戒指被他拿去了。就在男子的手贴近门柄时,凯丽柔声叫道:"对不起,先生!"

那男子听了凯丽的叫声后,转过身来,两人相视无言,沉默有几十秒之久。"什么事?"男人问,脸上的肌肉在颤抖,再次问道:"什么事?"凯丽神色忧伤地说:"先生,这是我第一份工作,现在找个工作很难,想必您也深有体

会，是不是？"

那名男子深思片刻，终于一丝微笑浮现在他脸上。接着他说："是的，的确如此。不过我敢肯定，你在这里会做得不错。我可以为您祝福吗？"说完之后男子向前一步，把手伸向女孩。"谢谢您的祝福。"凯丽也立即伸出手，两双手紧紧握在一起，女孩用很柔和的声音说："我也祝您好运！"

接着，男子转过身，朝门口走去。凯丽看着男子的身影消失在门外，转身走到柜台，把手中握着的第六枚戒指放回了原处。

真正伤害心灵的不是刀子，而是比刀子更厉害的东西——恶语。俗话说："良言一句三冬暖，恶语伤人六月寒。"我们在生活中与人说话时可能会给对方造成伤害，这是我们必须谨慎注意的。

因嘴巴一时快活招来别人的反感，给自己带来灾难的例子不胜枚举。所以，我们为人处世要明白"看破不说破"的道理。每个人都有自己的交际圈，都会将自己的形象展现在众人面前，因此人们为了塑造自己良好的社交形象，在公众场合会表现出更为强烈的自尊心和虚荣心。在这种心态支配下，人们可能会刁钻地拆穿别人的小伎俩、小把戏，嘲讽别人的小缺点、小错误，给别人造成加倍的伤害。

英国王室有一次准备举办一个大型的宴会招待来自印度各地区的首领，一向以稳重聪明著称的温莎公爵奉命接受了主持宴会工作的任务。他深知女王陛下对这次宴会的重视，也明白宴会独特的政治意义，所以非常注重把握每一个细节，尽量让这个宴会完美无缺。

在温莎公爵的精心安排下，宴会进行得非常顺利，宾主尽欢。在宴会即将结束的时候，细心的温莎公爵还特意命人打来洗手水，不过面对那些用银器精心打造的洗脸盆，印度首领们却误解了主人的意思，他们以为这是主人给予的清茶，结果大家都毫不犹豫地端起脸盆，尽情享用起来。

宴会上的那些英国皇家贵族对这一幕目瞪口呆，他们万万没有想到对方会产生这样的误解。可是众人也没有任何办法，在这样的场合下，如果直接提醒对方这是洗手水，那么无疑会极大地伤害客人的自尊心，弄不好还会引起政治争端；但是如果任由对方喝掉，又感觉像是一种欺骗和侮辱，终究显得不太得体。

就在大家无所适从的时候，温莎公爵微笑着端起精致小巧的脸盆一饮而尽，这时贵族们也纷纷效仿起来，端起来与众人共享。这样一来，一场大尴尬就瞬间消于无形，而温莎公爵过人的智慧和高超的交际手段也博得众人的一致赞赏。

如果你可以适时地为陷入尴尬境地、丢了面子的人提供一个恰当的"台阶"，让他挽回面子，你将立刻获得别人的好感，为自己树立良好的形象。

比利·山戴曾经在演讲时提到："人们总是喜欢揭他人的短处，而事实上，这是一种极为堕落的做法。一个连自己都无法控制与左右的人,有什么权利去左右他人?"人际交往就是这样,你对别人伶牙俐齿,别人势必对你以牙还牙;你以揭别人伤疤为乐,别人肯定加倍为你制造痛苦。只有给别人留足"面子",多给别人"台阶"下,别人才会为你"搭台"。

6.风度和教养是你的第一张名片

这是发生在美国纽约曼哈顿的真实故事。

一天,一位40多岁的中年女人领着一个小男孩走进美国著名企业"巨象集团"总部大厦楼下的花园,在一张长椅上坐下来。她不停地在跟男孩说着什么,似乎很生气的样子。不远处有一位头发花白的老人正在修剪灌木。

忽然,中年女人从随身提包里拉出一团白花花的纸巾一甩手将它抛到老人刚修剪过的灌木上面。老人诧异地转过头朝中年女人看了一眼,中年女人满不在乎地看着他。老人什么话也没有说,走过去拿起那团纸巾把它扔进了一旁装垃圾的筐子里。

过了一会儿,中年女人又拉出一团纸巾扔了过来。老人再次走过去把那团纸巾拾起来扔到筐子里,然后回到原处继续工作。可是，老人刚拿起剪刀，第三团纸巾又落在了他眼前的灌木上……就这样，老人一连捡了那中年女人扔过来的六七团纸，但他始终没有因此露出不满和厌烦的神色。

"你看见了吧！"中年女人指了指修剪灌木的老人对男孩大声说道："我希望你明白，你如果现在不好好上学，将来就跟他一样没出息，只能做这些卑微低贱的工作！"

老人听见后放下剪刀走过去，和颜悦色地对中年女人说："夫人，这里是集团的私家花园，按规定只有集团员工才能进来。"

"那当然，我是'巨象集团'所属的一家公司的部门经理，就在这座大厦里工作！"中年女人高傲地说道，同时掏出一张证件朝老人显了晃。

"我能借你的手机用一下吗？"老人沉默了一会儿说。

中年女人极不情愿地把手机递给老人，同时又不失时机地开导儿子："你看这些穷人，这么大年纪了连手机也买不起。你今后一定要努力啊！"

老人打完电话后把手机还给了妇人。很快一名男子匆匆走过来，恭恭敬敬地站在老人面前。老人对来人说："我现在提议免去这位女士在'巨象集团'的职务！""是，我立刻按您的指示去办！"那人连声应道。

老人吩咐完后径直朝小男孩走去，他伸手抚摸了一下男孩的头，意味深长地说："我希望你明白，在这世界上最重要的是要学会尊重每一个人。"说完，老人撇下三人缓缓而去。中年女人被眼前骤然发生的事情惊呆了。她认识那个男子，他是"巨象集团"主管任免各级员工的一个高级职员。"你……你怎么会对这个老园工那么尊敬呢？"她大惑不解地问。

"你说什么？老园工？他是集团总裁詹姆斯先生！"中年女人一下子瘫坐在长椅上。

这个故事进一步说明只有真正学会尊重他人、尊重身边的每一个人，才能得到他人的尊重。

哲学家威廉·詹姆士说过："潜藏在人们内心深处的最深层次的动力，是想被人承认、想受人尊重的欲望。"渴望受人喜爱、受人尊敬、受人崇拜，这是人类天生的本性。但是，有取必有予，我们希望获得些什么，也就必须首先付出些什么。我们希望获得别人的尊重，这就要求我们每一个人都要学会尊重他人。

英国著名教育家斯宾塞说过："野蛮产生野蛮，仁爱产生仁爱。"尊重，是人际关系的起点。不尊重他人，他人也不会尊重你，也不可能信任你，这样你就会失去许多朋友的支持。

古人云："尊人者，人尊之。"只有尊重自己的交往对象，交往对象才会尊重你。在互相尊重的气氛下，交往才能顺利进行。所以，人与人之间的交往，都应建立在真诚与尊重的基础上。

7.自负不是自信，夜郎不是你的标签

汉朝的时候，在中国西南方有一个很小的县，叫作桐梓县。在桐梓县往东二十里的地方，有一个很小的国家叫夜郎国。

夜郎国虽然是一个独立自主的国家，它的国土却小得非常可怜。而且由于地处山区，交通闭塞，生产很落后，国家也很穷。可是夜郎国的国王却十分的自大骄傲。他以为自己的国家很大很大。有一次，汉朝派人去拜访夜郎国的国王，他一脸骄傲地问：你们汉朝和我们夜郎，究竟是那一个国家大呢？汉朝的人一听，都忍不住笑了起来。

从此以后，就用"夜郎自大"来形容那些见识浅薄，自大骄傲的人。如今几千年过去了，在我们的现实生活中，"夜郎"这样孤陋寡闻却又妄自尊大的人仍然随处可见。

自信很重要，但自信过头的自负却很可悲。因为它会迷惑你的双眼，扰乱你的行为，所以任何时候都不要掉以轻心，它会让你轻则丢人现眼，重则一败涂地。

国王的御橱里有两只罐子，一只是陶的，另一只是铁的。铁罐瞧不起陶罐，常常奚落它。

"你敢碰我吗，陶罐子？"铁罐傲慢地问。

10 治:总要低下头,才能寻到自己喜欢的样子

"不敢,铁罐兄弟。"谦虚的陶罐回答说。

"我就知道你不敢,懦弱的东西!"铁罐说着,现出了更加轻蔑的神气。

"我确实不敢碰你,但这不能叫作懦弱。"陶罐争辩说,"我们的任务是盛东西,而不是互相碰撞。在完成我们的本职任务方面,我不见得比你差。再说……"

"住嘴!"铁罐愤怒地说,"你怎么敢和我相提并论!你等着吧,要不了几天,你就会破成碎片,我却永远在这里,什么也不怕。"

"何必这样说呢。"陶罐说,"我们还是和睦相处的好,吵什么呢!"

"和你在一起我感到耻辱,你算什么东西!"铁罐说,"我们走着瞧吧,总有一天,我要把你碰成碎片!"陶罐不再理会。

时间过去了,世界上发生了许多事情,王朝覆灭了,宫殿倒塌了,两只罐子被遗落在荒凉的场地上。历史在它们的上面积满了渣滓和尘土,一个世纪连着一个世纪。

许多年以后的一天,人们来到这里,掘开厚厚的堆积,发现了那只陶罐。

"哟,这里头有一只罐子!"一个人惊讶地说。

"真的,一只陶罐!"其他的人说,都高兴地叫了起来。

大家把陶罐捧起,把它身上的泥土刷掉,擦洗干净,和当年在御橱的时候完全一样,朴素,美观,毫光可鉴。

"一只多美的陶罐!"一个人说,"小心点,千万别把它

弄破了，这是古代的东西，很有价值的。"

"谢谢你们！"陶罐兴奋地说，"我的兄弟铁罐就在我的旁边，请你们把它掘出来吧，它一定闷坏了。"

人们立即动手，翻来覆去，把土都掘遍了。但，一点铁罐的影子也没有。它，不知道什么年代，已经完全氧化，早就无踪无影了。

自恃孤傲会引来杀身之祸，逞能的结局是自找死路。聪明、智慧、有内涵的人无论何时，通常都会表现得很谦卑。

自我感觉良好的人都不太幸运，他们取得成绩，别人不以为然；他们遇到挫折，别人都愿意说几句风凉话。这些人对自己评价虽然高，但周围人对他们的看法却大不相同，如果他们的能力有80分，周围人看他不过是50分，甚至更低。因为他们的夸夸其谈让人反感，让人认为他们是在吹牛。

一位设计师被猎头公司挖角，推荐到一家著名的广告公司面试。设计师在业界有不小的名气，广告公司的总裁亲自面试。在面试过程中，设计师大谈他的设计理念，又把自己任职的公司批评得一文不值。总裁不自然地皱了皱眉头，请他谈谈对电视上正在播出的几个广告的看法。设计师毫不客气地将这些广告数落一通，总裁说："您说的这个广告，正是我们公司的作品。"

设计师有些尴尬，但还嘴硬说："每个公司都有失败的作品，这不足为奇。"总裁很肯定地说："这个广告是我们

—— · 10 治：总要低下头，才能寻到自己喜欢的样子 · ——

公司传播率最广的广告，我想您的见解与我们公司的设计方向有很大背离，不适合来我们公司工作。"

　　人与人天生资质不同，有些人的确具有一些优势，他们可以更加轻易地就得到成功。这个时候，如果他们不能收敛自己的行为，一味迷信自己的能力，看不起他人，贬低他人，很轻易就会引起周围人的反感，甚至会引起他人的联合排挤。古语说："行高于人，众必非之。"时时表现自己的聪明，结果就是走到哪都有人讨厌，走到哪都不受欢迎。不能简单地将这种情况归因于旁人的忌妒，优秀的人那么多，为什么只有你遭人忌妒？

　　客观来看，人无完人，谁也不是全才，就算你在某一方面有特长，很突出，在其他方面，你总有不如人的地方。而这些地方，恰恰是别人的优点。现实生活就是如此，你没有那么好，别人也没有那么差，看清这个事实，你才能更虚心地向他人学习，弥补自己的不足，有朝一日展现真正的实力。